XIAYISHANBEI KESE
XINGCHENG JIZHI YANJIU

虾夷扇贝壳色形成机制研究

毛俊霞　王许波　著

中国农业出版社
北　京

内容简介

虾夷扇贝是我国北方最重要的养殖贝类之一，具有重要的经济地位。虾夷扇贝贝壳颜色呈现简单而明显的多态性，是壳色形成机制研究的理想材料。本书以虾夷扇贝为主要研究材料，利用组织学、分子生物学、生物信息学、转录组学、蛋白质组学及表观遗传学等研究方法，开展了虾夷扇贝壳色形成机制的初步研究，分析了壳色主要形成组织外套膜不同区域的组织结构特点，从不同组学层面筛选获得了大量壳色形成相关基因、蛋白及分子通路，探讨了全基因组 DNA 甲基化在虾夷扇贝壳色形成中的调控功能，并对部分壳色形成的重要基因从全基因组层面进行了序列和功能的解析，以期为虾夷扇贝壳色形成分子机制的研究提供更多的依据，并为虾夷扇贝遗传育种工作奠定理论基础。

前言 FOREWORD

软体动物，又称为贝类，是一种非常古老的类群，作为动物界中仅次于节肢动物的第二大门类，物种丰富，且其中大部分都具有贝壳。在漫长的进化过程中，贝类的贝壳进化出丰富多彩的颜色，一直以来受到收藏家、遗传学家和育种学家的关注。但是目前我们对贝类壳色形成机制的了解还非常有限，这也是整个自然界颜色进化研究的一大空缺，因此开展贝类壳色形成机制研究具有重要的理论意义。同时，壳色也是一个重要的经济性状，培育壳色鲜亮的贝类可以丰富人们的选择，提高人们的生活品质。不同壳色贝类表现出生长及适应性差异，因此，开展贝类壳色形成机制的研究也必将推动贝类的实际遗传育种工作。

虾夷扇贝（*Patinopecten yessoensis*）隶属于软体动物门（Mollusca）、双壳纲（Lamellibranchia）、扇贝科（Pectinidae），是一种非常古老的贝类，占有重要的进化地位。虾夷扇贝个体较大、营养丰富、经济价值较高，经过多年养殖和推广，已成为我国北方最重要的海水养殖贝类之一。虾夷扇贝作为一种双壳贝类，具有两片贝壳，并且其壳色呈现简单而明显的多态性。常见虾夷扇贝左壳一般为褐色，右壳为白色，表现出左右壳间的差异；此外，虾夷扇贝自然群体中还有少部分个体左右壳均为白色，表现出个体间的差异。课题组经过对白壳虾夷扇贝的长期选育，获得了“明月贝”新品种。由于虾夷扇贝重要的经济和进化地位，目前对虾夷扇贝的研究已全面深入地展开，涉及基因组学、转录组学、表观遗传学、遗传育种等，尤其是虾夷扇贝的基因组测序工作已完成，为虾夷扇贝生物学问题的研究提供了丰富的数据资料，使其成为贝类壳色遗传机制研究的理想材料。

本书以褐色壳和白色壳虾夷扇贝为主要研究材料，利用组织学、分子生物学、生物信息学、转录组学、蛋白质组学及表观遗传学等研究方法，开展了虾夷扇贝壳色形成机制的初步研究，分析了壳色主要形成组织外套膜不同区域的组织结构特点，从不同组学层面筛选获得了大量壳色形成相关基因、蛋白及分子通路，探讨了全基因组 DNA 甲基化在虾夷扇贝壳色形成中的调控功能，并对部分壳色形成的重要基因从全基因组层面进行了序列和功能的解析，以期为虾夷扇贝壳色形成分子机制的研究提供更多的依据，并为虾夷扇贝遗传育种工作奠定理论基础。

感谢常亚青教授对本书的大力支持，整个工作的开展都离不开常老师的悉心指导；感谢丁君教授对本书的指导；深深感谢我的导师包振民院士一直以来对我科研工作及生活的指引、指导、关心和帮助，能够师从包老师是我最大的幸运，面对老师我非常惭愧，没能成为老师的骄傲，今后定会更加努力；感谢对本书的出版作出贡献的所有人。

本书只是对虾夷扇贝壳色形成机制的初步研究，由于笔者水平和能力的限制，还不足以全面而深入地阐释，书中数据分析和观点表述的不足或不恰当之处，还请各位专家、前辈及同行多多批评指正，也请多多包涵，希望在今后的努力下，能够弥补不足，为贝类壳色形成机制研究提供更多更深入的见解。

毛俊霞

2021年5月

目 录
CONTENTS

第一章　贝类壳色研究进展

颜色性状作为一种最直接的表型性状，一直是动植物遗传学研究的理想性状之一，经典遗传学定律的提出过程都涉及颜色性状。颜色性状与生物的伪装、警戒防御、求偶、免疫、环境适应等有密切的关系，对于颜色形成的分子机制及进化研究一直是科学家关心的热点问题。此外，颜色性状还是生物育种的一个重要经济性状。优良的颜色性状不仅给人以美的视觉享受，提高商品价值，而且一些物种的颜色性状与生长、存活、抗逆性等重要经济性状紧密相关。因此，颜色性状作为一个可稳定遗传的性状，在农业、畜牧业以及水产养殖业中有着重要的应用价值。

软体动物，又称为贝类，是一种非常古老的类群，其化石资料可追溯至寒武纪（大约 6 亿年前），作为动物界中仅次于节肢动物的第二大门类，物种丰富，且其中大部分都具有贝壳，在漫长的进化过程中，贝类的贝壳进化出丰富多彩的颜色，一直以来受到收藏家、遗传学家和育种学家的关注。但是目前我们对贝类壳色形成机制的了解还非常有限，这也是整个自然界颜色进化研究的一大空缺，因此开展贝类壳色形成机制研究具有重要的理论意义。同时，壳色也是一个重要的经济性状，培育壳色鲜亮的贝类可以丰富人们的选择，提高人们的生活品质。不同壳色贝类表现出生长及适应性差异，为利用壳色进行其他重要经济性状定向改良提供重要依据，而开展贝类壳色形成机制的研究也必将推动贝类的实际遗传育种工作。

一、贝类壳色的多态性及重要功能

（一）贝类壳色的多态性

作为海洋中最大的一个类群，贝类种类繁多，壳色性状的表现形式多样，主要表现在贝壳表面颜色的不同、着色程度的不同及壳面上花纹或条带的不同，有时甚至多种形式交织在一起，形成复杂多变的壳色多态性（图 1－1）。例如，海湾扇贝（*Argopecten irradias irradias*）的壳色具有高度多态性，包括橙色、黄色、白色、紫色、棕色、黑色等（郑怀平，2005）；长牡蛎（*Crassostrea gigas*）壳色存在着色度的多态性，表现为从近白色到近黑色的连续分布，另外还存在贝壳色彩的变异，包括白色、黑色、金黄色和紫色等（葛建龙，2015）；菲律宾蛤仔（*Ruditapes philippinarum*）壳色性状则表现为着色不对称、壳面花纹及色度的变异大，如斑马蛤、两道红、海洋红等（闫喜武等，2005、2008）。贝类壳色的多态性为壳色性状的研究提供了丰富的原材料，开展贝类壳色性状遗传机制及分子基础的研究，将为颜色性状的遗传基础解析提供更多的依据，也将为壳色变异的进化意义乃至整个贝类的进化过程提供更多的参考。但从另一个角度，贝类壳色的多态性也体现了贝类壳色在进化过程中的复杂多变，增加了研究难度，开展贝类壳色性状研究还需要选择一个理想的研究材料。

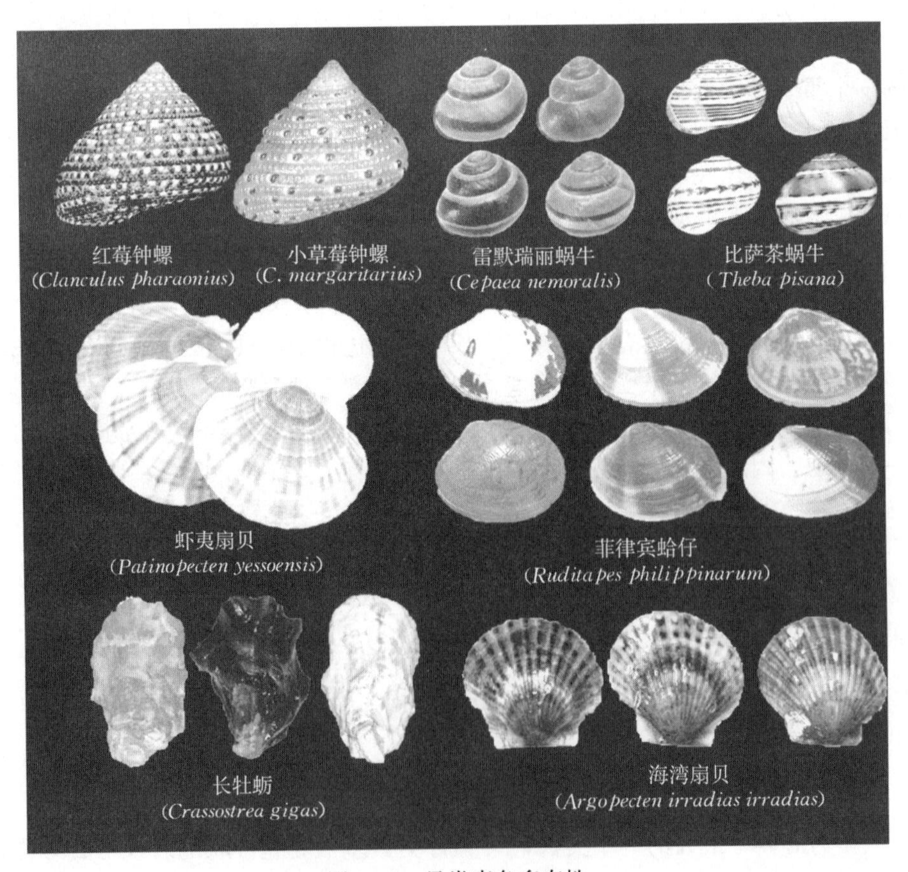

图1-1　贝类壳色多态性

（改自Saenko和Schilthuizen，2021；Ge等，2015；Wang等，2011）

（二）贝类壳色的重要功能

尽管有学者认为贝类壳色只是贝类代谢废物处理的副产品，对贝类物种的成功进化没有重要作用，但越来越多的研究表明贝类壳色对于贝类的生存进化具有重要影响。首先，贝类壳色可以作为一种保护色，通过伪装或警戒，使贝类躲避捕食者如螃蟹、鱼和鸟类的捕食。例如，智利帽贝（*Scurria boehimita*）的贝壳形态、壳色与并不美味的藤壶（*Chthamalus scabrosus*）非常相似，可减少其被一些鸟类捕食（Hockey 等，1987；Espoz 等，1995）；为了伪装自己，一些在落叶或树干上发现的陆生蜗牛一般具有棕色贝壳，生活在干旱陆地及高潮间带的腹足类壳色则接近岩石，而生活在藻类之间或热带植物叶子上的一些贝类则具有多彩的颜色（Cook，1986）。有些贝类类群还可以改变贝壳的形态和颜色，以便更好地模拟周围基质。如笠贝（*Lottia asmi*、*L. digitalis* 和 *L. pelta*）可以生活在其他软体动物贝壳、海带、藤壶或岩石上，这些物种以各种形态存在，每个个体的外壳颜色和图案以最适合其生存基质而存在，如果因移动而更换了基质，它们会通过改变摄食产生新的外壳来更好地匹配新的基质（Sorensen，1984；Lindberg 和 Pearse，1990；Sorensen 和 Lindberg，1991）。其次，贝类的壳色在贝类与非生物环境间的相互作用中发挥重要作用，尤其是对温度的适应。例如，Mitton 等（1977）发现，紫贻贝 *Mytilus edulis* 暴晒在阳光下的温度要比壳色较浅个体高 2～3 ℃，黑壳个体更适合生活在低温环境，浅色个体更能适应高温；Phifer - Rixey 等（2008）表示壳色能够影响潮间带腹足类滨螺（*Littorina obtusata*）在热应力中的存活率；Wolff 和 Garrido（1991）发现较少见的黄壳紫扇贝的存活率要低于紫壳和褐色壳个体，原因可能是壳色浅的个体不能够耐受低温。此外，研究还发现壳色较深的贝类可以减少机体受到的紫外线辐射，从而起到保护作用（Heller，1979）。由此可见，贝类壳色对贝类的生存具有重要作用，是其对环境变化的一种适应机制。

二、贝类壳色产生的原因

（一）环境对贝类壳色的影响

贝类壳色的产生受环境因素和基因的调控，其中一些贝类的壳色随着环境的变化而呈现出多态性。环境因素如地理分布、温度、盐度、栖息底质和摄食等因素对贝类壳色都具有一定的影响。例如，Gruneberg 等（1978）发现地理分布和盐度的差异造成了西奥莱彩螺（western *Clithon oualaniensis*）和东奥莱彩螺（eastern *Clithon oualaniensis*）的壳色差异，西奥莱彩螺来自印度和斯里兰卡，其生长环境的盐度要高于来自马来半岛和中国香港的东奥莱彩螺；不同地理分布的南玉黍螺（*Austrocochlea constricta*）的壳色也表现出显著性差异，在开阔海域中贝壳颜色较深，而在河口中的个体壳色较浅（Creese 和 Underwood，1976）。温度对贝类壳色多态性的影响较大，如 Lecompte 等（1998）在螺旋蜗牛（*Helex aspersa*）中发现，低温时其贝壳表现为着色较深，而高温时（25 ℃）则呈现红色条纹；在腹足类海蜷（Batillaria）中发现，在寒冷海域的海蜷壳色多为深色，而在温暖的海域，海蜷壳色多表现为浅色。这符合热量收支假说：深色贝壳可以有效吸收太阳热量，用于低温下维持自身温度和运动所需能量；相反，浅色个体在温度较高环境下可以反射阳光，防止体内温度过高（Miura 等，2007）。此外，在很多贝类中，摄食对贝类壳色的影响也较大，不同的饵料种类可导致贝类产生不同的壳色。例如，皱纹盘鲍（*Haliotis discus hannai*）在幼鲍时期摄食不同海藻会产生不同壳色，当摄食坛紫菜和龙须菜时，其壳色呈现褐红色，摄食坛紫菜壳色较暗，而摄食龙须菜壳色较鲜亮；当摄食海带时，呈现褐绿色；而摄食石莼则呈现翠绿色（王思佳，2016）。由此可见，贝类壳色与环境紧密相关，对壳色遗传机制的解析还应将环境因素考虑在内。

（二）贝类壳色的化学本质

贝壳主要由碳酸钙组成，其中 95%～99%的成分为碳酸钙，不到 5%的成分为有机物（Zhang 和 Zhang，2006）。贝类壳色一般由结合在贝壳上的有机色素导致，如黑色素、类胡萝卜素、多烯类色素、四吡咯色素等（Williams，2017）。对于贝壳色素的分离鉴定一直都是一项较为困难的工作，尤其是一些在贝壳中含量较低的色素，在一定程度上限制了对贝壳色素组成的全面了解。

1. 黑色素

黑色素是自然界中常见的生物色素之一，广泛存在于细菌、植物、真菌和动物体内。黑色素的合成起始于酪氨酸的氧化，经过一系列酶催化和化学催化反应产生，主要以两种形式存在：一种是真黑素，一般呈现褐色或黑色；一种是褐黑素，一般呈现红色、黄色或褐色（Williams，2017）。目前，在多种贝类贝壳中也已发现黑色素的存在，但由于黑色素的分离难度较大，贝类的黑色素还未能充分鉴定。真黑素是头足类墨囊中的重要组成成分，经常作为自然真黑素的标准样品用于实验研究。对于真黑素的表征描述具有挑战性，因为它是一种无定形颗粒物质，缺乏明确的光谱特征，并且不溶于大多数溶剂。此外，真黑素经常会与一些蛋白质或金属离子紧密结合，这种存在形式也增加了其鉴定难度。褐黑素被一度认为只存在于哺乳动物和鸟类中，而近年在多板纲石鳖（*Acanthopleura granulata*）的贝壳眼中发现了褐黑素（Speiser 等，2014）。

2. 类胡萝卜素

类胡萝卜素也是一种常见的天然有机色素，是一类呈黄色、橙红色或红色的多烯类物质，具有广泛而重要的生物学功能，动物一般不能自身合成，主要通过食物获得。在贝类中，类胡萝卜素广泛存在于软体组织中，早期学者认为贝壳中并不存在类胡萝卜素，这是由于提取方法的限制，用酸溶解贝壳时破坏了类胡萝卜素（Hedegaard 等，2006）。目前已在多种贝类的贝壳及珍珠中检测到类胡萝卜素。例如，在黄宝螺（*Cypraea moneta*）中，发现类胡萝卜素是使贝壳表面呈黄色的色素（Hedegaard 等，2006）；借助拉曼光谱法，鉴定到类胡萝卜素是女皇凤凰螺（*Strombus gigas*）的成色物质（Dele - Dubois 和 Merlin，1981）；Zheng 等（2010）发现华贵栉孔扇贝（*Chlamys nobilis*）橙色壳中类胡萝卜素含量显著高于棕色壳；Urmos 等（1991）首次在珍珠中检测到与粉红色珊瑚相似的类胡萝卜素拉曼峰，推测类胡萝卜素是珍珠成色的原因之一；张刚生等（2001）首次在三角帆蚌（*Hyriopsis cumingii*）和马氏珠母贝（*Pinctada martensii*）贝壳珍珠层及其所产珍珠中检测到类胡萝卜素的存在，并推测类胡萝卜素与珍珠层颜色的形成密切相关，且类胡萝卜素含量越高，颜色越深；马孝甜等的研究发现，投喂类胡萝卜素含氧衍生物虾青素，可使其在马氏珠母贝组织中积累，使组织呈现橙色，并可进一步转运至贝壳中使贝壳珍珠层呈现金黄色。此外，类胡萝卜素还可结合蛋白质以类胡萝卜素蛋白复合物的形式存在而影响壳色（Cusack 等，1992）。

此外，越来越多的研究表明，除类胡萝卜素外的其他多烯类物质也参与贝类壳色的形成。Hedegaard 等（2006）利用共振拉曼显微光谱技术同时在 13 种腹足类、1 种头足类和 4 种双壳贝类的贝壳中鉴定到多烯类物质的存在，首次证明多烯类是贝类壳色产生的主要原因之一。此外，在珍珠中也发现多烯类与珍珠颜色的形成密切相关（Karampelas 等，2007）。

3. 四吡咯色素

四吡咯主要包括环状结构的卟啉类色素和线性结构的胆色素两类，它们通常以化合物的形式出现，可呈现出红色、橙色、绿色、蓝色、紫色、黄色或褐色等（Williams，2017）。在贝类中，卟啉类色素常与红色、褐色或紫色贝壳壳色相关，胆色素或胆色素结合蛋白常与蓝色、绿色、褐色和红色相关，而与蛋白质或金属离子的结合可使四吡咯色素颜色发生改变（Comfort，1949；McGraw，2006）。卟啉类色素在紫外光下发出红色荧光，而非卟啉类贝壳色素一般不会发出红色荧光，这可以作为鉴定卟啉类色素的一个有效特征，但若卟啉类色素与蛋白质结合就不会有这个现象（Comfort，1949）。目前，主要在腹足类贝壳中对卟啉类色素进行了鉴定，例如，利用高效液相色谱法（HPLC），在海蜗牛（*Clanculus margaritarius* 和 *C. pharaonius*）中鉴定到卟啉类色素尿卟啉Ⅰ（uroporphyrin Ⅰ）和尿卟啉Ⅲ（uroporphyrin Ⅲ）的存在；在黑白笋螺（*Hastula hectica*）、紫金芋螺（*Conus purpurascens*）、斑芋螺（*Conus ebraeus*）的贝壳里检测到了原卟啉（protoporphyrin）（Verdes 等，2015）。双壳贝类中卟啉类色素鉴定工作开展得相对较少，只在一种海湾扇贝属的双壳贝类（*Argopecten* sp.）中有过报道，由于含量很少，它可能并不是该物种主要的成色物质（Verdes 等，2015）。但卟啉类色素在珍珠中的鉴定工作开展得相对较多。例如，Miyoshi 等（1987a、1987b）通过激光荧光光谱分析发现，企鹅珍珠贝（*Pteria penguin*）贝壳珍珠层及所产珍珠呈红褐色主要是由卟啉类色素导致的；在黑蝶贝（*P. margaritifera*）贝壳的珍珠层及所产珍珠中同样检测到卟啉类色素的存在，并推测为尿卟啉Ⅰ（Iwahashi 和 Akamatsu，1994）；在对不同颜色海水珍珠和淡水珍珠的色素分析中发现，珍珠颜色的差异是由卟啉与不同金属离子结合而产生的，海水珍珠的灰色和黑色分别与铁卟啉和锰卟啉有关，淡水珍珠的白色与镁卟啉和锌卟啉有关，粉色与镁卟啉和铁卟啉有关，黄色与铜卟啉和锌卟啉有关，紫色则与铁卟啉和锌卟啉有关（张蕴韬等）。

胆色素在腹足类的贝壳里也早有发现。例如，在隆肿蝾螺（*Astraea tuber*）的贝壳中提取到的蓝绿色成色物质被证明是胆绿素（Tixier，1952；Jones 和 Silver，1979），在鲍鱼（*Haliotis cracherodii*、*H. rufuescens*）贝壳中检测到胆素蛋白的存在。目前，整体上四吡咯色素在腹足类和产珍珠贝类中研究较多，而在双壳贝类贝壳中的鉴定工作开展相对较少。

（三）结构致色

结构色主要是由于周期性排列的结构与光相互作用导致的干涉、衍射和散射而产生的，在自然界中广泛存在，如一些蝴蝶和昆虫翅膀的颜色、鸟类羽毛的颜色以及一些鱼类的体色等都与结构色有一定关系（Kinoshita，2008）。在贝类中，结构色比较常见的是在贝壳珍珠层和珍珠上产生的彩虹色。珍珠层主要由有机层分隔的文石板有序排列而成，赋予贝壳机械韧性（Currey 和 Taylor，1974；Jackson 等，1988；Xu 和 Li，2011；Finnemore 等，2012）。因为文石板的厚度在可见光波长范围内，这种有序的排列结构可破坏入射光，并根据视角选择性地反射不同的颜色，从而产生彩虹色（Pina 等，2013）。在腹足类和双壳贝类中，文石板的排列方式有所不同，可产生不同的颜色效果（Taylor 等，1969；Pina 等，2013）。通常情况下，珍珠层只在贝壳的内侧被观察到，其外部被具有色素的棱柱层和角质层覆盖，但在一些光穿透性差或不存在的深海类群中，贝壳外部也可见珍珠层，产生结构色。除了彩虹色，蓝色壳色有时也是一种结构色，一个典型的例子就是在青线笠螺（*Patella pelluci-*

da）中，贝壳上发出的蓝光是一种结构色（Li 等，2015）。澳大利亚的一种腹足类 *Dolicholatirus spiceri*，在水下观察时呈明亮的蓝色，但当贝壳变干时迅速变为棕色，在乙醇中放置时变为紫色，这种颜色随介质的变化而立即变化的现象可能也是由结构色导致的（Williams，2017）。

综上，贝壳壳色的产生具有多方面原因，我们在研究时应综合考虑，包括环境因素、色素的组成及贝壳结构的影响等。随着贝类壳色研究的逐渐开展，遗传因素已被认为是壳色产生的最重要因素，大多壳色是可遗传的，因此对于贝类壳色遗传机制的研究已成为壳色研究的重要内容。

三、贝类壳色的遗传

虽然贝类壳色受到外界环境（如温度、盐度、栖息底质和食物）的影响，但越来越多的研究表明壳色是一个可遗传的性状，主要由遗传因素决定。由于贝类壳色性状的多态性和复杂性，不同的物种间，甚至同一物种不同壳色间表现出不同的遗传规律，也有一些壳色表现出相对简单的遗传模式。腹足类中：Kobayashi 等（2004）在皱纹盘鲍中发现蓝色贝壳突变型，通过杂交实验证实蓝色突变型与绿色野生型贝壳的遗传由单个位点的两个等位基因控制，遵循孟德尔遗传定律，绿色对蓝色为显性性状；2009 年 Liu 等在皱纹盘鲍中又发现一新的橘红色贝壳突变型，研究表明其相对于绿色野生型贝壳也为隐性性状，受单位点两个等位基因遗传控制；Kozminsky 等（2010）发现壳色的单基因遗传假说在滨螺（*L. obtusata*）贝壳表面白色斑点样式的遗传中并不适用，提出了受 2 个互补的双等位基因控制的遗传模型，进一步对滨螺 3 种背景色紫色、橙色和黄色的研究发现，它们分别受不同的遗传体系控制，其中在黄色和紫色个体中分别至少受两个基因控制（Kozminsky 等，2014）。

在双壳贝类中，Innes 等（1977）、Newkirk（1980）等对紫贻贝壳色遗传的研究中发现，贻贝的黑色和棕色两种壳色由一个位点的两个等位基因控制，棕色对黑色为显性，而条纹可能受其他位点的基因控制。在海湾扇贝中，郑怀平等（2005）通过对不同壳色间杂交后代的统计分析提出：不同壳色可能受不同的基因控制，橙色、紫色、白色受单基因控制，橙色对紫色、橙色对白色为简单的显隐性关系，而其他颜色间的关系复杂，可能受多个基因控制，还存在显隐性关系之外的上位互作效应；Li 等（2012）通过对橙色、白色海湾扇贝的杂交得到同样结论，橙色对白色为显性，由单基因控制。Winkler 等（2001）对紫扇贝（*A. purpuratus*）壳色的分离规律研究发现，棕色对白色、黄色为显性，由一个位点上的不同基因（复等位基因）控制，而紫色由另外一个位点的基因控制，且对前三种颜色表现显性上位。在对菲律宾蛤仔的研究中发现，着色的对称性由一个位点的两个等位基因控制，不对称性着色对于对称性着色为显性，而壳面花纹则相对复杂，可能由复合基因控制（Peignond 等，1995）。Ge 等（2015）对不同壳色长牡蛎的遗传方式研究发现，金黄色贝壳牡蛎的遗传方式不同于黑色，黑色着色表现为前景色，而金黄色和白色属于背景色，长牡蛎背景色的遗传符合孟德尔遗传定律，受一位点两等位基因控制，且金色对白色为显性性状，而背景色为金黄色的个体的前景色着色要明显浅于白色个体，暗示了背景色对于前景色的上位效应。

以上关于贝类壳色遗传的研究基本都是基于杂交或自交家系中壳色分离的观察统计分析得出，实际上很多壳色间的遗传关系并不符合简单的孟德尔遗传定律，而表现出较复杂的情况，还需借助分子手段从不同角度展开研究。

四、贝类壳色形成的分子机制

对于贝类壳色形成分子机制的研究，目前已在多种贝类中开展，尤其是一些经济物种中，但还远远落后于脊椎动物和植物的研究进展，尚处于起步阶段。随着现代分子生物学技术的发展，高通量测序技术应运而生，并且飞速发展，已应用于生命科学研究的各个领域，这也为壳色形成机制的研究提供了有力工具。而基于高通量测序技术的各种组学研究，如基因组学、转录组学、蛋白质组学、表观遗传学等，已成为壳色研究的一个热门领域，将有助于我们从不同组学层面更深入、更全面地理解壳色产生的分子原因和调控机理。近年来，借助高通量测序技术从不同组学层面研究贝类壳色的文章层出不穷，加快了我们对贝类壳色形成分子机制的解析，也为壳色的遗传育种工作奠定了重要的理论基础。

（一）基因组层面——壳色相关分子标记的开发

1. 分子标记（molecular markers）技术

分子标记作为遗传标记的一种，是指由 DNA 水平的遗传变异产生的多态性（Vignal 等，2002），在基因组中大量存在，被广泛应用于遗传作图、遗传育种、群体分析、基因组作图、基因定位、物种亲缘关系鉴别、基因克隆、疾病诊断和遗传病连锁分析等多研究领域。分子标记技术主要包括以 RFLP（restriction fragment length polymorphism，限制性片段长度多态性）为代表的一代分子标记技术、以 AFLP（amplification fragment length polymorphism，扩增片段长度多态性）和 SSR（simple sequence repeat，简单重复序列）为代表的二代分子标记以及以 SNP（single - nucleotide polymorphisms，单核苷酸多态性）为代表的三代分子标记技术。SNP 由于自身的诸多优点，如数量大、稳定性高、易实现自动化检测等，被称为是最有前途的分子标记而更多地被采用。

高通量测序时代的到来，为大量分子标记的筛查和分型提供了有力工具，使高分辨率遗传连锁图谱的构建变得容易，这为 QTL 的精细定位奠定了一个良好的基础。对于具有基因组的物种，通过低深度的重测序工作即可获得全基因组范围的数十万甚至上百万的 SNP，对于无参考基因组且基因组比较复杂的物种，通过简化基因组测序（reduced - representation genome sequencing，RRGS）来进行大量 SNP 的分型是一个非常经济有效的策略，并且已在很多物种中得到了应用，包括一些水产物种。比较有代表性的简化基因组测序技术有 RAD（restriction - site associated DNA sequencing）测序技术（Miller 等，2007）、2b - RAD 测序技术（Wang 等，2012）等。2b - RAD 测序技术是对 RAD 测序技术的改进，具有操作简单、标签密度可控、标签扩增效率一致等优点，也越来越多地被研究者们所采用，尤其是在栉孔扇贝（*Chlamys farreri*）中的应用，构建了双壳贝类第一张高精度遗传连锁图谱，成功定位了生长及性别相关 QTL，被认为是双壳贝类研究中具有里程碑意义的工作（Jiao 等，2013）。

2. 壳色相关分子标记的开发

目前，在贝类中也已获得一些与壳色性状连锁的分子标记，在 DNA 水平上为研究壳色性状遗传及基因定位等奠定了一定基础。例如，海湾扇贝中，Qin 等（2007）利用 AFLP 分析，获得一个与橙色壳色完全连锁的 AFLP 标记；Yuan 等（2012）在华贵栉孔扇贝中同样获得了一个与其橙色壳色完全连锁的 AFLP 标记；Petersen 等（2012）构建了太平洋狮爪扇贝（*Nodipecten subnodosus*）的 AFLP 和 SSR 遗传连锁图谱，并将橙色壳色性状定位到了连锁群 Nsub9 上的一个 1 cmol/L 区间内。但这些研究使用的是相对早期的标记技术，标记数目有限、图谱分辨率较低，在一定程度上限制了壳色基因定位的精准度，而高通量测序技术的出现和发展，为高通量分子标记的开发及高密度遗传连锁图谱的构建提供了有力工具。Wang 等（2018）利用 SNP 标记构建了长牡蛎的高密度遗传连锁图谱并成功定位到 3 个与壳色相关的 QTL 位点，为长牡蛎壳色相关基因鉴定及壳色遗传育种工作奠定了重要基础。Mao 等（2020）利用海湾扇贝和紫扇贝的杂交子一代分别构建了两亲本物种的 SNP 高密度遗传连锁图谱，杂交子代中发生明显的壳色分离（1∶1），通过 QTL 分析在海湾扇贝遗传图谱中成功定位到一个与壳色相连锁的 QTL 位点，在该区域内的候选基因 *MECOM* 很可能与壳色的形成有关。Zhao 等（2017）对橙红色和褐色虾夷扇贝的全基因组关联分析（GWAS）中成功定位到一个与壳色相关联的基因组区域，通过验证在该基因组区域内发现 2 个橙红色壳色个体特异的 SNP 位点，并在相关联基因组区域内鉴定到 3 个与类胡萝卜素代谢相关的基因（*LDLR*、*FRIS* 和 *FRIY*），为橙红色虾夷扇贝壳色形成机制解析提供了重要线索。

（二）贝类壳色形成的转录组水平研究

近年来，随着转录组测序技术的发展，贝类壳色在转录组水平上逐渐开展了较多的研究。在多物种中开展了不同壳色个体间的基因差异表达分析，获得了一些与壳色形成相关的候选基因和分子通路，为壳色形成机制研究提供了更多线索。例如，Guan 等（2011）利用 SSH 技术构建了红壳色和非红壳色珠母贝（*P. fucata*）的抑制差减 cDNA 文库，并筛查到 10 个差异表达基因可能与壳色变异有关；Liu 等（2015）利用 454 测序技术对华贵栉孔扇贝橙色和棕色壳色个体分别进行了转录组测序，并发现 *SRB-like-3* 基因只在橙色个体中表达，对该基因 RNA 干扰后，明显降低了血淋巴中类胡萝卜素的含量，表明其在贝壳类胡萝卜素代谢中发挥重要作用，认为是决定橙色壳色形成的理想候选基因；Yue 等（2015）对 4 种不同壳色的文蛤（*Meretrix meretrix*）进行 DGE 测序，进行基因差异表达分析，发现 Notch 信号通路可能在壳色形成中发挥了关键作用，钙离子信号通路通过激活 Notch 信号通路也发挥了重要作用；Teng 等（2018）对贝壳成色前和成色后的橙色海湾扇贝进行了转录组测序，基因差异表达分析暗示黑色素、卟啉色素和微量金属元素很可能参与海湾扇贝壳色的形成；Feng 等（2015）分别对具有白色、金色、黑色和部分着色贝壳的长牡蛎进行 RNA-seq 测序分析发现，酪氨酸酶基因 *tyrosinase* 在金色贝壳牡蛎中表达明显上调，来自 ABC 转运蛋白超家族的 *Abca1*、*Abca3* 和 *Abcb1* 三个基因与白色壳色形成高度相关，并且认为白壳牡蛎通过“内吞作用”下调 *notch* 基因的表达水平来组织壳色的产生；Hu 等（2020）对未着色（幼贝）、白色及红色壳色硬壳蛤（*Mercenaria mercenaria*）RNA-seq 测序发现，黑色素形成通路（melanogenesis）、卟啉代谢通路（porphyrin and chlorophyll metabolism）很可能与贝壳着色有关，并且认为与类胡萝卜素代谢相关的通路在幼贝壳色形成中发挥重要作用；Nie 等（2020）对 4 种不同壳色的菲律宾蛤仔 RNA-seq 测序分析发现，黑色素的合成在贝壳壳色形成中发挥重要作用，与贝壳表面壳色类型高度相关，此外，卟啉代谢通路结合钙离子信号通路（calcium signaling pathway）也参与了壳色形成。

目前，转录组分析在贝类壳色研究中发挥重要的作用，在几乎所有经济贝类中都已开展过相关研究，但大多仅仅只是筛选了一些与壳色形成相关的候选基因或分子通路，还缺乏全面而深入的研究，还远远不能阐明贝类壳色形成的分子机制和调控机理。

（三）贝类壳色形成的蛋白质组水平的研究

蛋白质是生命功能的执行者，蛋白质组是指一个基因组所表达的全部蛋白质的集合，即包括一种细胞乃至一种生物所表达的全部蛋白质。蛋白质组学本质上指的是在大规模水平上研究蛋白质的特征，包括蛋白质的表达水平、翻译后的修饰、蛋白与蛋白相互作用等，由此获得蛋白质水平上对相关生物学问题整体而全面的认识（王志新等，2014）。定量蛋白质组学（quantitative proteomics）是蛋白质组学研究领域最重要的应用之一。通过定量蛋白质组学技术，可以对样本中表达的全部蛋白质进行鉴定和定量，筛选样本或分组之间差异表达蛋白质，结合生物信息学分析预测差异蛋白质功能，解析生理病理机制。基于质谱检测技术的定量蛋白质组学技术主要可以分成两类：非标定量技术，包括 Label - free 和 DIA，以及标记定量技术，包括 iTRAQ 和 TMT。iTRAQ 和 TMT 是目前蛋白组学领域运用最广泛的两种同位素标记定量技术，原理是采用多种同位素标签与多组样本的肽段 N 末端基团结合，然后进行串联质谱分析，通过报告离子的峰面积计算同一肽段在不同样品间的比值，从而实现不同样品间蛋白质组的定量比较（牟永莹，2017；谢秀枝，2011）。

转录组学和蛋白质组学都是系统地研究生物学规律和机制的成熟且有效的工具，由于生命体是一个多层次、多功能的复杂结构体，所以单一组学技术不能全景地揭示生命活动的本质规律。转录组学告诉人们细胞中可能发生的行为，蛋白质组学告诉人们细胞中正在发生的行为。采用转录组学和蛋白质组学技术同步检测 RNA 及蛋白质的整体状态，并将这两个组学的数据整合起来分析，不仅能在转录水平及蛋白质水平两个不同层次上透视生命活动的规律与本质，还能揭示二者之间的相互调控作用或者关联。目前，在水产物种生物学问题的研究也逐渐开始借助多组学联合分析的手段，加快了对相关生物问题的解析。

相比于转录组学研究，贝类壳色在蛋白质组学层面上开展的工作相对较晚、较少。近些年随着蛋白质组学技术的发展，越来越多的研究者已开始借助蛋白质组学技术开展贝类壳色形成机制研究，并利用生物信息学分析手段进行转录组与蛋白质组的联合分析，以期更深入地探究壳色的形成机制及调控机理。早期对壳色相关蛋白的鉴定中，Nagai 等（2007）在合浦珠母贝（*P. fucata*）贝壳的棱柱层（被认为是色素层）中分离到了两个壳色相关蛋白——酪氨酸酶蛋白（tyrosinase proteins，Pfty1 和 Pfty2），Pfty1 和 Pfty2 在外套膜中特异表达，但具有明显差异，表明其在贝壳的黑色素合成中发挥不同的作用。Xu 等（2019）对黄色和黑色贝壳马氏珠母贝（*P. fucata martensii*）进行了比较转录组和蛋白质组学分析，发现和酪氨酸代谢（tyrosine metabolism）、钙离子信号通路（calcium signalling pathway）、光传导（phototransduction）、黑色素形成通路（melanogenesis pathways）及视紫红质（rhodopsin）相关的GO功能在差异表达基因中显著富集，而在黄色个体中钙调蛋白（Calmodulin）、N66基质蛋白（N66 matrix protein）、珍珠层蛋白（nacre protein）和Kazal型丝氨酸蛋白酶抑制剂在mRNA和蛋白质水平均表现为表达上调，甘氨酸富集蛋白shematrin-2（glycine-rich protein shematrin-2）、外套膜基因4（mantle gene 4）和硫醌氧化还原酶（sulphide: quinone oxidoreductase）在两组学层面均表现为表达下调，推测视黄醛和视紫红质代谢、黑色素合成、钙离子信号通路和生物矿化等过程的差异导致不同壳色的产生。Huang等（2021）在淡水腹足类*Bellamya purificata*中进行了不同壳色个体的转录组学和蛋白质组学联合分析，转录组基因差异表达分析发现黑色素形成相关通路显著富集，蛋白质组蛋白表达差异分析发现酪氨酸酶表达量在两种壳色个体中差异显著，与转录组结果相一致，表明两种壳色的差异主要是由黑色素合成差异导致的。随着蛋白质组学技术及多组学联合分析在水产中的应用，今后将会有更多相关的研究报道，并将为解析贝类壳色形成机制提供更多的数据和线索。

（四）其他组学层面的研究

随着高通量测序技术的发展，除了通过转录组和蛋白质组测序获得重要的候选壳色相关基因和蛋白外，借助高通量测序技术对壳色形成调控机制的研究也越来越引起学者的重视，如microRNA（miRNA）测序、lncRNA（long non-coding RNA，长链非编码RNA）测序、DNA甲基化测序等。microRNA（miRNA）是一类内源性的具有调控功能的非编码RNA，是长度约为20～24个核苷酸的单链小分子RNA，成熟的microRNA由较长的初级转录物（pri-miRNA、pre-miRNA）经过一系列核酸酶的剪切加工而成，通过碱基互补配对的方式识别靶mRNA，引导沉默复合体（RISC）解靶mRNA或者阻遏靶mRNA的翻译，从而调节细胞生长、分化、发育、增殖和凋亡等各生命活动过程（华友佳和肖华胜，2005）。microRNA在物种进化中相当保守，在动物、植物和真菌等中发现的microRNA表达均有严格的组织特异性和时序性（叶茂等，2003）。基于高通量测序技术的microRNA测序，一次能够获得上百万条microRNA序列，可以快速鉴定出不同组织、不同发育阶段、不同生理状态下已知和未知的microRNA及其表达差异，为探究microRNA的调控功能及其生物学影响提供了有力工具。lncRNA是一类转录本长度超过200 nt、本身不编码蛋白质的长链非编码RNA，它可在多层面上调控基因的表达，如表观遗传调控、转录及转录后调控等。利用高通量测序技术进行lncRNA测序，并结合生物信息学手段进行lncRNA功能分析，预测新lncRNA等，筛查具有重要调控功能的lncRNA，分析其与特定生物学过程的关系，有助于对生物学问题的深入解析。

在贝类壳色研究中，尽管相关的研究报道还相对较少，但越来越多的前沿技术已开始逐渐应用到壳色形成机制研究中。如 Feng 等（2018）首次系统地分析了不同壳色长牡蛎外套膜组织中 lncRNA 的表达情况，发现 lncRNA 在长牡蛎生物矿化、壳色形成中发挥重要作用，参与黑色素、类胡萝卜素、四吡咯等色素的合成，并且认为绒毛膜过氧化物酶（chorion peroxidase）和其顺式作用 lincRNA TCONS _ 00951105 在黑色素的合成中发挥重要功能。Feng 等（2020）又进一步对不同壳色长牡蛎外套膜组织中 miRNA 的表达情况进行了分析，并通过与 mRNA 的联合分析，发现了 4 个参与黑色素、类胡萝卜素或四吡咯等色素合成的 miRNAs 及其靶 mRNAs，并且认为其中的 lgi - miR - 317 及其靶基因过氧化物酶（peroxidase）和 lncRNA TCONS _ 00951105 在调控黑色素形成中具有重要的作用。

此外，表观遗传修饰在基因表达调控中也发挥重要作用，它是在不改变 DNA 序列的前提下影响基因功能的可遗传的变化，如 DNA 甲基化、组蛋白修饰等。其中 DNA 甲基化是真核生物中最常见的一种表观修饰，参与众多生物学过程，如转录调控、胚胎发育、细胞分化、基因印记、X 染色体失活、转座子沉默等。目前，基于高通量测序的 DNA 甲基化测序技术，如全基因组甲基化测序技术 WGBS（whole - genome bisulfite sequencing）、简化基因组甲基化测序技术（MethylRAD）（Wang 等，2015）等，为进行 DNA 甲基化在生命活动中调控功能的研究提供了有力工具。在植物和一些脊椎动物中，发现 DNA 甲基化参与了颜色形成的调控，如花色、鸡蛋壳色、动物肤色及毛色等，提示我们 DNA 甲基化很可能与贝类壳色的形成具有密切关系，但还几乎未见相关研究报道，是今后可以关注并加强的一个研究方向，以便我们更全面、更深入地理解贝类壳色形成的分子调控机制。

（五）壳色形成相关分子通路

1. 黑色素形成通路

通过前面的研究报道可以看出，黑色素形成通路在贝类壳色形成中发挥重要作用。黑色素的合成在脊椎动物尤其人中研究得较为深入，人的皮肤、头发、眼睛的颜色都依赖于黑色素的产生，黑色素的含量、类型及分布等都会对其产生影响，黑色素代谢异常还会导致皮肤病甚至癌症的发生（Chang，2012；刘圆圆等，2016）。黑色素合成的场所是位于黑色素细胞内的黑素体，黑色素的合成过程较为复杂，涉及一系列的酶催化反应和化学反应，如图 1 - 2 所示。黑色素合成的第一步反应是酪氨酸在酪氨酸酶（tyrosinase，TYR）的催化作用下氧化生成多巴醌，该反应是黑色素合成的关键限速步骤；多巴醌经过自动氧化生成多巴和多巴色素，其中多巴可在酪氨酸酶的作用下再次氧化生成多巴醌；

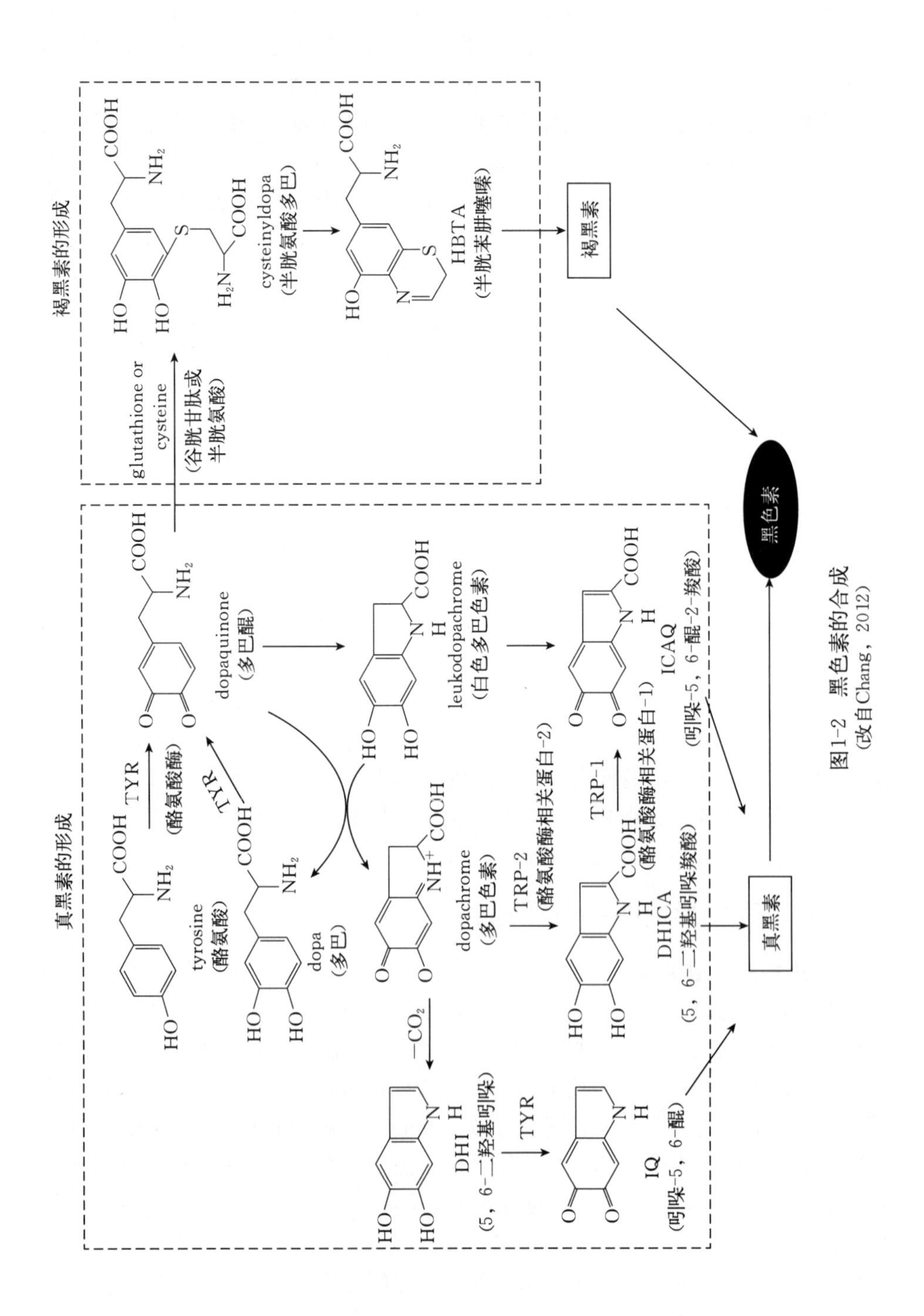

图1-2 黑色素的合成
(改自Chang，2012)

绝大部分的多巴色素在酪氨酸酶相关蛋白-2（tyrosinase-related protein 2，TRP-2）的催化下脱羧生成5，6-二羟基吲哚，小部分则羟化为5，6-二羟基吲哚羧酸；5，6-二羟基吲哚在酪氨酸酶的作用下生成真黑素的前体——吲哚-5，6-醌，随后进一步生成真黑素，经过此步反应形成的真黑素颜色为黑色；此外，5，6-二羟基吲哚羧酸在酪氨酸酶相关蛋白-1（tyrosinase-related protein 1，TRP-1）的催化下生成吲哚-5，6-醌-2-羧酸，也可进而生成真黑素，但经过此步反应形成的真黑素颜色为棕色。褐黑素的形成则是：当黑色素细胞中存在谷胱甘肽或半胱氨酸时，多巴醌则会转变成谷胱甘肽多巴或半胱氨酸多巴，并进一步形成褐黑素。由此可以看出，黑色素的合成过程主要涉及三种酶：酪氨酸酶（TYR）、酪氨酸酶相关蛋白-1（TRP-1）和酪氨酸酶相关蛋白-2（TRP-2），且酪氨酸酶是整个过程的限速酶。

黑色素的合成过程受多条信号通路的调控，其中较为常见的是cAMP依赖信号通路（cAMP-dependent signaling pathway）、Wnt信号通路（Wnt signaling pathway）和ERK信号通路（ERK signaling pathway），如图1-3所示，

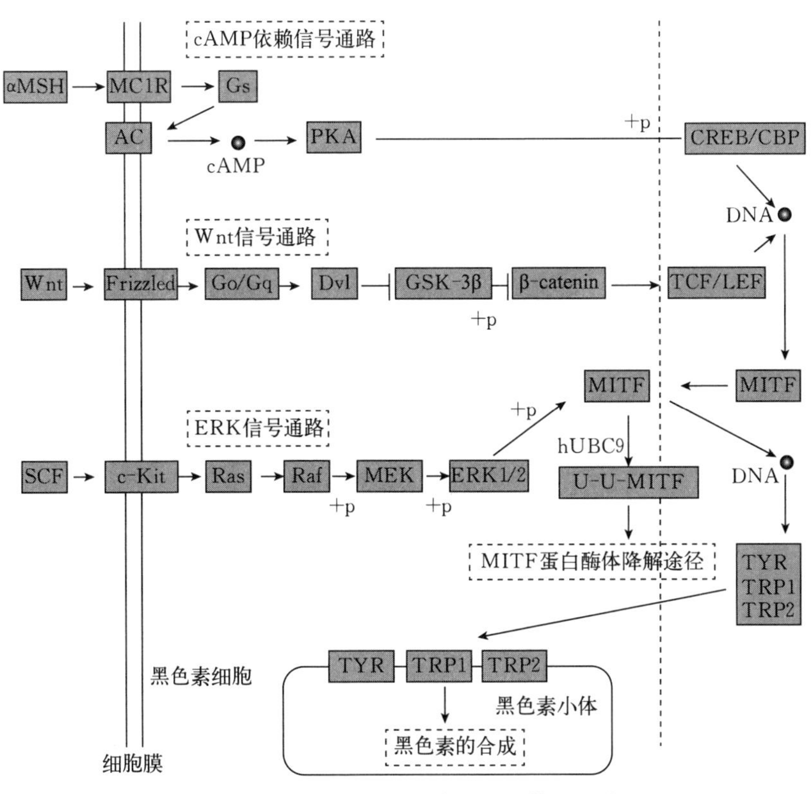

图1-3　黑色素合成的常见调节信号通路

（改自Chang，2012）

这些信号通路的靶向目标都是小眼畸形相关转录因子（microphthalmia - associated transcription factor，MITF）。MITF 是一种具有螺旋-环-螺旋-亮氨酸拉链结构（basic helix - loop - helix leucine zipper，bHLHZip）的转录因子，可以与 *TYR*、*TRP - 1* 和 *TRP - 2* 等基因启动子区域的 E - box 相结合，调节这些基因的表达。MITF 被认为是黑色素合成的关键调节因子（Chang，2012）。

目前，在贝类中，对黑色素形成分子通路的研究还主要集中在对 *TYR* 及 *MITF* 等关键基因的单独研究上，并表明其在贝类壳色形成中发挥重要作用，而对整个通路的系统研究还较少，但对壳色多组学的研究结果大多指向了黑色素形成通路，这必将成为今后壳色研究的重要分子通路之一。

2. 血红素合成通路（heme biosynthesis pathway）

随着组学技术的快速发展，更多参与贝类壳色形成的基因和分子通路被发掘，近期多项研究表明以卟啉类色素为代谢产物的血红素合成通路也是参与贝类壳色形成的一条重要通路。例如，在海洋腹足类小草莓钟螺（*C. margaritarius*）和红莓钟螺（*C. pharaonius*）中成功鉴定到卟啉类色素尿卟啉Ⅰ和尿卟啉Ⅲ的存在，并通过转录组测序进行了血红素合成通路基因的鉴定和表达分析，证明了其在卟啉色素的合成中发挥重要的作用（Williams 等，2016、2017）。在对不同壳色的菲律宾蛤仔和硬壳蛤的转录组表达差异分析中发现，卟啉代谢相关通路“porphyrin and chlorophyll metabolism”（ko00860）显著富集（Nie 等，2020；Hu 等，2020），该通路是一条较大的分子通路，包含血红素合成通路在内。在虾夷扇贝中，本课题组前期在对褐色和白色个体转录组的表达差异分析中同样发现卟啉代谢相关通路（ko00860）显著富集（Ding 等，2015）；同时对两种壳色个体的全基因组 DNA 甲基化差异分析发现，甲基化差异区域（DMRs）在该通路中仍然显著富集，且其中血红素合成通路共 8 个基因中的 7 个甲基化水平在两种壳色中存在显著差异。以上研究给我们重要提示：血红素合成通路在虾夷扇贝壳色形成中同样发挥重要作用，其很可能通过调控卟啉色素的合成来影响壳色的形成。为了进一步验证我们的猜测，我们在虾夷扇贝中对血红素合成通路的第一个基因也是限速基因 *ALAS*（aminolevulinic acid synthase，5 -氨基乙酰丙酸合成酶）进行了全基因组的鉴定和表达分析，该基因在虾夷扇贝基因组中单拷贝存在，且在褐色个体外套膜中的表达水平显著高于白色个体，表明其在虾夷扇贝壳色形成中具有重要功能（Mao 等，2020）。尽管在贝类中对血红素合成通路功能的研究还相对较少，但已逐渐引起研究者们的关注。

血红素合成通路是一条在进化上较为古老的分子通路，在脊椎动物尤其哺乳动物中已得到深入研究（Nilsson 等，2009；Layer 等，2010；Phillips，2019）。该通路共包括 8 步反应，由 8 种酶催化，分别为 5 -氨基乙酰丙酸合成酶（ALAS）、5-氨基乙酰丙酸脱水酶（aminolevulinic acid dehydratase，ALAD）、胆色素原脱氨酶（porphobilinogen deaminase，PBGD）、尿卟啉原Ⅲ合酶（uroporphyrinogen Ⅲ synthetase，UROS）、尿卟啉原脱羧酶（uroporphyrinogen decarboxylase，UROD）、粪卟啉原氧化酶（coproporphyrinogen oxidase，CPOX）、原卟啉原氧化酶（protoporphyrinogen oxidase，PPOX）、亚铁螯合酶（ferrochelatase，FECH），如图1-4所示，其中第一和第六至第八步反应发生在线粒体中，第二至第五步反应发生在细胞质中，ALAS是该通路的第一个催化酶也是限速酶。该通路终产物血红素是一种铁卟啉化合物，是血红蛋白、肌红蛋白、过氧化氢酶、过氧化物酶等多种蛋白的组成辅基，在生物

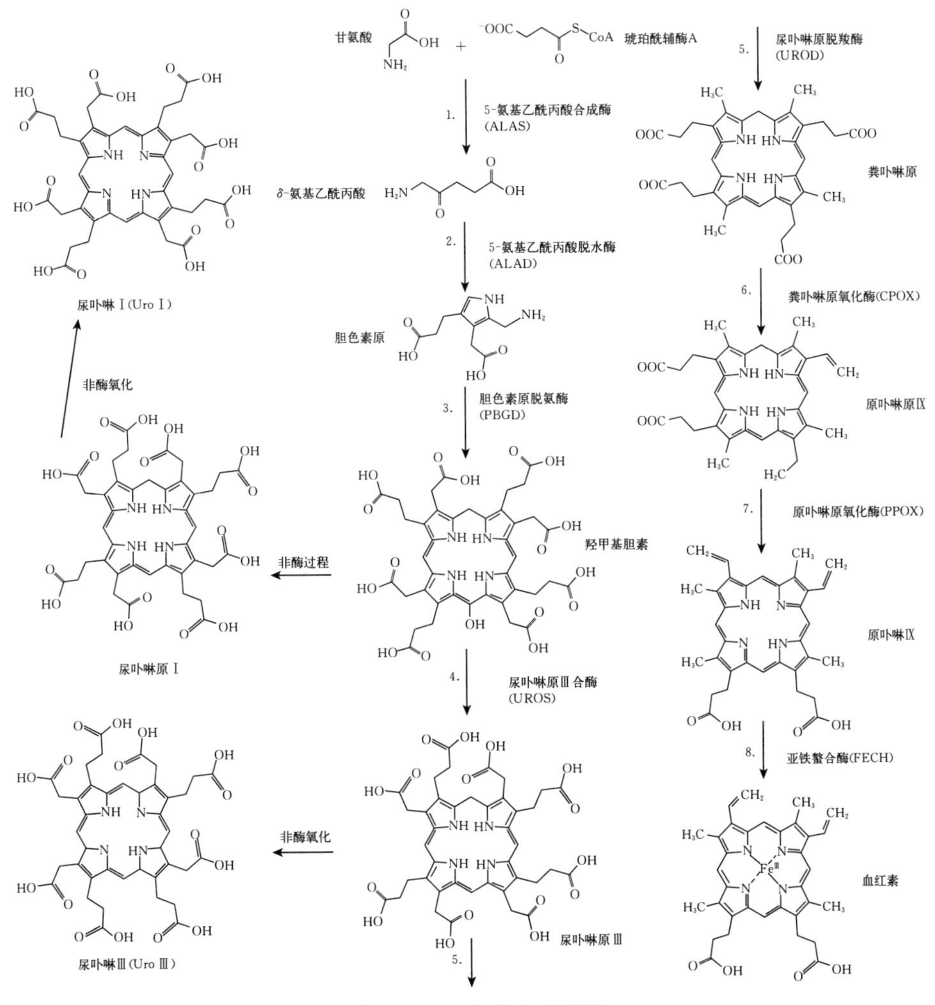

图1-4　血红素合成通路
（改自Williams等，2017）

机体中发挥重要功能，其他卟啉类色素，如尿卟啉Ⅰ、尿卟啉Ⅲ、原卟啉Ⅸ等，则是血红素合成通路的中间代谢产物。在人体中，血红素合成代谢异常会造成卟啉化合物的堆积而引起卟啉症（Phillips，2019），但在贝类中很可能与壳色的产生有密切关系（Williams 等，2017）。但是，目前对血红素合成通路在贝类壳色形成中的功能研究还非常有限，大部分工作都还集中在对黑色素形成通路的研究上，在一定程度上限制了我们对贝类壳色形成分子机理全面而深入的理解。

五、贝类壳色在遗传育种中的应用

（一）贝类壳色与生长发育的关系

贝壳颜色与贝类的生长、存活等种内生物适应性性状存在紧密联系，为利用壳色作为遗传标记开展种质改良奠定了基础。如 Newkirk（1980）在紫贻贝的研究中发现，蓝壳色贻贝的总重高出棕壳色个体 10%～20%。在长牡蛎中，Brake（2004）发现在所有家系中深色个体有着稍高的存活率和软体部重。国内一些研究，如在马氏珠母贝（邓岳文等，2007；王庆恒等，2008）、虾夷扇贝（程鹏等，2010）、海湾扇贝（郑怀平等，2004、2008）、菲律宾蛤仔（闻喜武等，2005）、华贵栉孔扇贝（邓岳文等，2008；张涛等，2009）中均发现壳色与幼虫生长、存活或稚贝的生长、存活等数量性状之间存在某些联系。

（二）贝类壳色与营养成分的关系

陈炜等（2004）对皱纹盘鲍红壳和绿壳个体就一般营养成分、无机元素、脂肪酸组成和含量进行了比较研究，该研究为开发鲍的优良品种提供了科学依据，进一步丰富和完善了鲍的营养基础数据。魏敏等（2021）对青蛤不同壳色个体的生长指标及营养组分进行了测定分析，结果表明紫/白壳个体在生长和营养上均存在一定差异，且紫壳性状与其生长和营养存在一定正向关联关系，为利用紫壳性状作为遗传标记进行青蛤良种选育提供了理论依据。张善发等（2020）评估马氏珠母贝金黄壳色选育群体与养殖群体不同组织中矿物质元素的异同，结果表明，马氏珠母贝金黄壳色选育群体与养殖群体之间在部分矿物质元素含量上已表现出分化，为马氏珠母贝壳色新品系选育提供了重要的基础资料。

（三）以壳色为目标性状的贝类新品种选育

近年来贝类壳色性状在选择育种工作中一直备受重视，以壳色为目标性状选育出一系列生长快速、抗逆性强、存活率高的新品种品系，促进了我国贝类产业的健康持续多元化发展。例如，张国范等选育出了橘红壳色的海湾扇贝“中科红”新品种和海湾扇贝“中科红 2 号”新品种；包振民等于 2006 年和 2014 年分别选育出壳色鲜红的“蓬莱红”和“蓬莱红 2 号”两个栉孔扇贝新品种；王春德等于 2016 年选育出壳色为紫红色的“渤海红”海湾扇贝和紫扇贝杂交扇贝新品种，2018 年选育出闭壳肌和贝壳均呈金黄色的“青农金贝”杂交扇贝新品种；2014 年，郑怀平等选育出贝壳、外套膜和闭壳肌均为金黄色的“南澳金贝”华贵栉孔扇贝新品种；2015 年，獐子岛集团选育出左壳为橘红色的虾夷扇贝新品种“獐子岛红”；浙江万里学院于 2014 年培育出外壳为枣红色的文蛤新品种“万里红”，2017 年培育出文蛤“万里 2 号”；大连海洋大学闫喜武于 2014 年和 2016 年培育出菲律宾蛤仔“斑马蛤”和“白斑马蛤”；李琪于 2016 年和 2018 年培育出金黄色和黑色的长牡蛎新品种“海大 2 号”和“海大 3 号”；2016 年福建水产研究所培育出贝壳为金黄色的福建牡蛎新品种“金蛎 1 号”；2017 年，大连海洋大学培育出双壳均为白色的虾夷扇贝新品种“明月贝”；金华职业学院等于 2020 年选育出贝壳珍珠层为纯白色的三角帆蚌“浙白 1 号”新品种。由此，体现出贝类壳色性状在实际生产中的重要价值，而对贝类壳色遗传机制的阐释和掌握，必将有利于在实际育种工作中更好地利用这一性状。

第二章　虾夷扇贝生物学及遗传育种

一、虾夷扇贝生物学

1. 分类地位

虾夷扇贝［*Patinopecten*（*Mizuhopecten*）*yessoensis*］分类地位如下：

软体动物门（Mollusca）

　双壳纲（Lamellibranchia）

　　翼形亚纲（Pterimorphia）

　　　珍珠贝目（Pterioida）

　　　　扇贝科（Pectinidae）

　　　　　盘扇贝属（*Patinopecten*）。

2. 分布海域

虾夷扇贝自然分布区主要是西北太平洋海域，包括日本北海道、本州岛北部以及俄罗斯千岛南部海域，人工养殖区域主要分布于日本、韩国以及中国（常亚青，2007）。虾夷扇贝喜欢栖息于水深 6～40 m 的沙砾底质海底，从较浅、有隐蔽处且靠近岩石岸的海湾，一直到 30～40 m 深的更开阔海域。

3. 形态特征

虾夷扇贝壳高可达到 20 cm 以上。左右不对称，右壳凸出程度明显高于左壳，呈现白色，放射肋明显，间隙较窄。左壳可以呈现褐色、白色、橙色等多种颜色，其中褐色为常见壳色，扁平状，相对于右壳偏小。壳表有 15～20 条放射肋，两侧壳耳有浅的足丝孔。壳顶下方有三角形的内韧带。右壳肋宽而低矮，肋间狭；左壳肋较细，肋间较宽（图 2－1）。

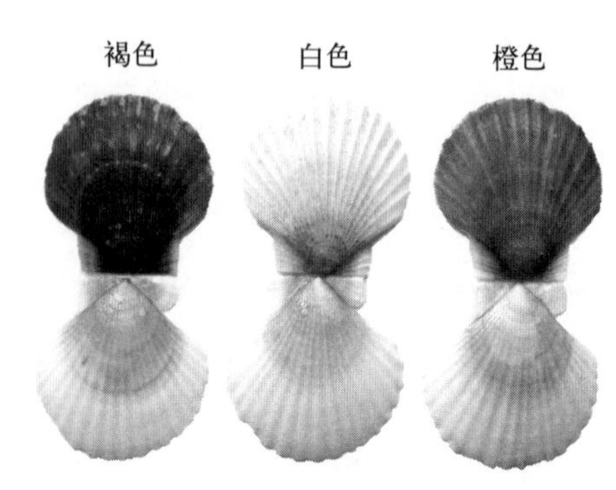

图 2－1　虾夷扇贝壳色多态性

4. 繁殖

虾夷扇贝一般为雌雄异体，很少有雌雄同体的情况。雌性性腺为橙红色，雄性性腺为白色。自然条件下，一般 4—5 月产卵排精。人工养殖条件下，一般在 1—2 月进行人工室内促熟，2 月人工促熟后进行排精产卵（王庆成，2005）。虾夷扇贝一般为雄性先成熟，存在性逆转现象，最初的雄性随着年龄增加变为雌性。自然条件下，在春季水温达到 7～12 ℃时产卵。壳高在 12～15 cm 的雌体产卵量为 800 万～1 800 万粒。在日本 3 月开始产卵，温度 7～12 ℃的 4 月为产卵的高峰期。幼体为浮游性，最初壳长约 110 μm，以浮游植物为食，30～40 d 发育到 250～280 μm，完全发育到这一规格进行附着变态。幼体期的长短取决于水温，以后幼体附着在丝状的海底动物和植物上，用足丝附着并变形。在随后 3～4 个月的生长后，幼体壳高大于 10 mm 时，可人工将其分开撒播在合适的海底进行底播养殖。

5. 食性

虾夷扇贝是滤食性贝类，一般认为主要以浮游单胞藻类为食。鳃具有滤食和呼吸的双重功能，鳃上覆盖有纤毛，以纤毛的摆动带动水流。同时鳃收集食物并分泌黏液，包裹食物由纤毛沿着鳃上的特殊口沟到达唇瓣，最后进入口中。有些时候虾夷扇贝会从外套腔中排出假粪，但真正被虾夷扇贝吸收利用的食物仍有待进一步研究（王如才，2008）。现普遍认为，浮游植物是其主要食物来源，但也有报道发现带有细菌的无机颗粒和有机碎屑均是虾夷扇贝的重要食物来源。

6. 环境耐受性

虾夷扇贝耐受盐度范围 24～40，最佳生长盐度为 32～34，盐度过高或者过低都将导致虾夷扇贝的死亡（张福绥，1984；张景山，1999），且随着贝龄的增长，其对盐度变化的耐受能力逐渐增强。耐受温度范围为－2～26 ℃，最佳生长温度约 15 ℃，属冷水种，最适温度为 5～20 ℃。低于 5 ℃，其生长减缓，高于 25 ℃会出现活动能力减弱、生长停滞甚至死亡现象（王卫民，2012）。

二、虾夷扇贝养殖概况

目前，虾夷扇贝世界养殖主产区集中分布于东北亚太平洋海域（中国黄海北部、韩国、日本东北部、俄罗斯远东地区）、西欧（法国）、北非（摩洛哥）以及北美（加拿大）等地。据 FAO 的不完全统计，全球虾夷扇贝产量 90%以上来自中国和日本（图 2－2）。

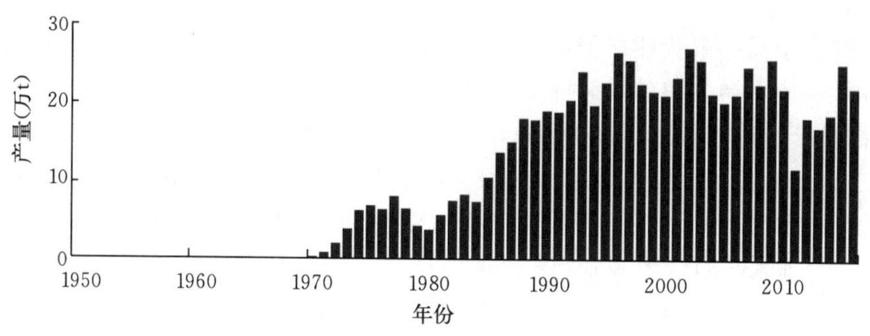

图 2-2 世界虾夷扇贝养殖产量

（数据来源：FAO FishStat）

注：目前只有 4 个国家向联合国粮农组织报告产量。几乎所有产量来自中国和日本，韩国和俄罗斯产量不大，1997—2000 年还记录了摩洛哥的产量，但以后没有。此外，该数据中不包括加拿大太平洋海岸依靠孵化苗的不多的养殖产量（2000 年为 30 t）。从 2000 年起，全球总产值超过 15 亿美元（引自 Cultured aquatic species information programme - *Patinopecten yessoensis*）。

（一）虾夷扇贝在日本的养殖现状

虾夷扇贝增养殖最早兴起于日本。20 世纪 30 年代，虾夷扇贝的商业捕捞开始出现并呈现一定的规模，此时虾夷扇贝的捕捞量达到历史最高值，当时日本的捕捞量为 80 000 t，苏联滨海地区的虾夷扇贝的养殖规模有 16 000 hm^2。东北亚成为全球虾夷扇贝的主要养殖基地。然而过度的开发使得虾夷扇贝的捕捞量出现了严重的下滑。1968 年，日本的产量已经下滑到 6 000 t。商业捕捞从此一蹶不振，陷入了持久的困境（FAO，2011）。在虾夷扇贝捕捞业下跌之际，虾夷扇贝的产业重心由捕捞向养殖转变。为应对虾夷扇贝资源捕捞过度，20 世纪 60 年代中期，日本开始了虾夷扇贝增养殖。进入 70 年代发展较快，日本农林水产省统计数据显示，仅陆奥湾 1970—1974 年的产量就由 0.99 万 t 增至 2.97 万 t（李文姬，2009），虾夷扇贝增养殖业超越牡蛎位居日本国内贝类第一。进入 90 年代，日本虾夷扇贝的产量为 50 万～60 万 t，这主要得益于自然的半人工采苗技术和中间育成技术的成熟（隋锡林，1997）。在 1970—1974 年这 5 年间，日本的浮筏养殖的浮筏数量和养殖产量均迅猛增长，生产量增加了 3 倍以上，产值增加到 50 亿日元（境一郎，1976）。2003 年，日本虾夷扇贝的产量达到 60 万 t，2008 年达到 54 万 t，其中北海道、青森县、宫城县以及岩手县的产量占大多数（李文姬，2009）。1972 年之后，日本的养殖虾夷扇贝出现了大规模的死亡现象，产量急剧下降，直到 1985 年之后才稳步回升。到 2005 年，又由于养殖户过度追求经济效益、不断提高养殖密度使得虾夷扇贝生产出现生长缓慢、死亡率偏高的问题（日本农林水产省，2009）。

由于养殖海域养殖容量有限，并且目前虾夷扇贝消费市场趋于饱和，未来日本虾夷扇贝产量增加势头可能会趋于平缓。日本虾夷扇贝增养殖业所用苗种均来自天然采苗，且筏养和底播养殖技术迅速推广到了北太平洋亚洲国家。

（二）虾夷扇贝在中国的养殖现状

虾夷扇贝在20世纪80年代初由辽宁省水产科学研究院从日本青森县陆奥湾引入我国并展开规模化养殖，已在山东、辽宁等北方环渤海和北黄海地区的沿海进行人工养殖、增殖生产，长山群岛海域为我国最大的虾夷扇贝养殖基地，大连獐子岛为全国最大的虾夷扇贝底播增殖基地（张继红，2008），经过几十年的发展，虾夷扇贝早已成为黄海北部主要的贝类养殖品种。在虾夷扇贝引入中国进行大规模的养殖以后，近10年来创造出了数十亿元的产值，取得了很高的经济效益和社会效益。由于规格较海湾扇贝和栉孔扇贝大以及有更高的市场价格，虾夷扇贝获得了养殖户的喜爱，养殖规模不断扩大，特别是在山东和辽宁两省（Meng，2012）。以辽宁长海县为例，1985年虾夷扇贝产量仅仅为200 t，养殖面积为12亩*，到2011年，虾夷扇贝养殖面积增加到304 967亩，产量也达到了209 527 t（周界衡，2012）。如今，虾夷扇贝的养殖模式分为浮筏养殖和底播养殖两种（Guo，2016）。由于环境等因素影响，近年来网笼养殖的虾夷扇贝死亡率不断升高，经济效益不断降低（张明明，2008）。此外，吊耳养殖需要对扇贝的壳进行打孔操作，会对扇贝造成损伤导致其死亡率偏高（张明，2011）。同时，中国的扇贝浮筏养殖在20世纪90年代也出现了大规模的死亡情况（王远隆，2000；燕敬平，2000）。由此，底播养殖的优势开始显现，其中獐子岛是我国虾夷扇贝底播养殖的主产区。2008年之前，长海县虾夷扇贝底播面积约为120万亩，如今长海县獐子岛养殖虾夷扇贝的确权海域达到322万亩，底播面积不断增加。但是随着底播面积的增加，许多新的问题不断出现，比如养殖个体小型化、回捕率降低等问题严重影响着獐子岛虾夷扇贝底播产业的发展（李文姬，2005）。2011年之后，獐子岛虾夷扇贝的亩产一直稳定在80 kg左右，产量难以有大的提高。截至2012年，中国北方虾夷扇贝总产量达25万t（王俊杰，2014）。2018年长海县虾夷扇贝养殖面积达到400多万亩（含底播增殖面积），产量达到19万t。每年长海县虾夷扇贝养殖的苗种需求在400亿枚左右，大部分苗种为外购苗种，主要来自山东及大连周边地区，均为人工育苗（迟庆宏，2020）。

---

* 亩为非法定计量单位，1亩＝1/15 hm^2，下同。

（三）虾夷扇贝养殖中存在的问题

随着虾夷扇贝育种与养殖业规模的不断扩大，虾夷扇贝养殖群体也逐渐暴露出许多问题。例如近亲繁殖导致遗传多样性不断下降，进而造成种质退化、杂合度降低、遗传力减弱，个体小型化、畸形多、抗逆性较差，且养殖群体成活率低、病害频发等问题，这严重影响了我国扇贝养殖业的可持续发展。虾夷扇贝引种进入中国历经约 40 年的养殖，其生长速度已经出现明显的下降，据已有研究报道，中国虾夷扇贝浮筏养殖群体 2 龄个体的平均壳长为 77～95 mm（于德良，2013），底播增养殖群体 3 龄个体的平均壳长为 120 mm（张存善，2009），均小于其原发地群体。

虾夷扇贝作为引进种，在中国海域的大范围生长、养殖，将可能对当地养殖海域海洋生物的种类、种群结构、食物链结构、生物多样性等产生一系列的不同程度的影响。如引进种与土著种杂交将对土著种造成严重的遗传污染，杨爱国、周丽青等的研究表明，在实验室条件下虾夷扇贝可与我国土著的栉孔扇贝进行杂交产生杂交后代，且其杂交后代成熟后与土著种杂交就更为容易，这可能会对我国土著贝类造成遗传污染（杨爱国，2002；周丽青，2003）。

虾夷扇贝是滤食性贝类，滤食性贝类通过滤食和排粪等生理过程，加快了从水体到筏区底部的物质循环和能量流动速度，会对生活海域的生态环境产生一定的影响；滤食性贝类也会对环境造成一定的污染，其滤食活动中的过滤作用会改变底泥的数量和质量，增加底泥中营养盐的浓度，进而改变整个水产养殖系统的物质和能量的循环周期（Chiantore，1998）。

三、虾夷扇贝遗传育种进展

（一）群体遗传学

虾夷扇贝引进中国以来，均采用人工育苗方式进行繁殖，其苗种来源仅仅是从国外（主要为日本）引进的数量十分有限的个体，历经一代又一代的近亲繁殖，种质退化问题开始暴露。许多学者认为，目前中国养殖海域内虾夷扇贝苗种及养殖群体抗病力下降、病害频发、回捕个体趋向小型化的问题与虾夷扇贝近交衰退而导致遗传多样性下降有着直接的关系，因此对于虾夷扇贝的遗传多样性的研究也相继开展。早些年间，中国学者针对中国虾夷扇贝养殖群体也开展了相关研究，如高悦勉等（2003、2004）先后应用聚丙烯酰胺凝胶不连续电泳、同工酶电泳技术对取自大连海域不同地区的虾夷扇贝养殖群体进行分析，证明大连沿海虾夷扇贝群体具有较高的遗传变异能力，但与日本虾夷扇贝相比，其群体遗传多样性已出现明显的下降，不同海区群体间遗传组成差异较大，群体间遗传距离偏高。对于虾夷扇贝日本群体，Boulding 等 1993 年对 2 个野生群体和 1 个养殖群体采用 mtDNA 进行长度多态性分析，Maremi Sato 等 2005 年利用 4 个微卫星标记及线粒体标记对日本北海道与本州和俄罗斯滨海边疆区南部岛屿的共计 21 个群体进行群体遗传结构分析，结果均表明，日本虾夷扇贝养殖群体和野生群体相比遗传结构没有明显变化，且养殖过程对遗传多样性的影响并不显著。对于中国虾夷扇贝，赵莹莹、常亚青、李春燕等分别应用微卫星分子标记，对中国北黄海不同海域虾夷扇贝增养殖群体进行遗传多样性研究，得出的结论为：虽然中国虾夷扇贝养殖群体与国外的群体相比存在一定差别，但各养殖群体依旧表现出较高的遗传多样性水平，其遗传多样性下降并不明显（赵莹莹，2006；常亚青，2007；李春燕，2009）。刘芳应用 7 对 AFLP 分子标记引物和 3 对 SSR 分子标记引物，对国内外 7 个不同地理群（獐子岛、小长山、广鹿岛和凌水养殖群体，旅顺口、日本青森县及俄罗斯符拉迪沃斯托克野生群体）的虾夷扇贝的研究表明，中国养殖群体的遗传多样性明显低于野生群体（刘芳，2006）。而 Li（2007）用微卫星标记，鲍相渤（2009）、丁君等（2010）利用 AFLP 技术对中国不同的养殖群体同国外群体进行遗传多样性的比较研究，均认为中国虾夷扇贝各养殖群体经多年累代繁殖，遗传结构已发生不同程度的改变，遗传多样性下降明显。倪守胜（2017）基于线粒体 *Cyt b* 基因对虾夷扇贝 6 个群体（长岛底播增殖群、海洋岛底播增殖群、獐子岛底播增殖群、旅顺自然群、“獐子红”人工选育群以及日本青森陆奥湾群）进行种质状况评估，结果显示中国养殖区的虾夷扇贝与日本原产地群体间已出现明显的遗传分化，且虾夷扇贝中国群体的遗传多样性处于较低水平。

（二）选择育种

为了虾夷扇贝养殖业的可持续性发展，当务之急是筛选培育出经济性状较好的优秀品种。而选择育种是获得新品种的有效途径之一，它是从群体当中挑选出优秀的个体作为亲本来繁殖后代。主要是利用目前拥有的品种在繁殖中的自然变异作为选择的原始材料，通过有目的、有计划地逐代淘汰选择，使得所需要的目标经济性状不断累积后形成新的品种。虽然选择本身并不能产生新的基因，但是可以增加被选群体内有经济价值的育种性状的基因频率，降低育种不需要的基因的频率。选择育种的方法很多，主要包括：个体选择（individual selection）、家系选择（family selection）、综合选择（combined selection）、后裔鉴定（progeny test）等。

1. 群体选育

基于表型的个体选择或者群体选择（mass selection），具有选育效果明显、提高快和易于大规模推广的特点，但是由于选种配种时未考虑亲缘关系易导致近交衰退。该方法常用于对生长性状、形状和颜色的选育。目前我国审定推广的虾夷扇贝新品种（虾夷扇贝“海大金贝”、虾夷扇贝“獐子岛红”、虾夷扇贝“明月贝”）均采用群体选育技术与其他选育技术相结合的方式选育而成。

2. 家系选育

水产动物通常具有繁殖周期短、子代数量大的特点，在水产动物选择育种时通常采用“家系选择”的方法。家系选择是将经济性状优于亲本和同世代其他个体的优秀个体筛选出来，建立家系并繁殖后代。再以相同方法逐代筛选，使有利性状逐代富集，直至产生新品种。此外，基于 BLUP 育种值的家系选育具有明确的系谱信息，配种时可以有效控制近交衰退，而且当遗传力较低时，其选择效率比个体选择更高，但是该方法相对于个体选择成本较高。这种选育策略可用来改良候选个体存活时不能测量的性状（如肉质性状、存活性状和饵料利用率）。目前我国审定推广的虾夷扇贝新品种（虾夷扇贝“海大金贝”、虾夷扇贝“獐子岛红”、虾夷扇贝“明月贝”）均采用家系选育技术与其他选育技术相结合的方式选育而成。

3. 杂交育种

在育种学上，杂交指的是不同品系、品种间，甚至种间、属间和亚科间的两个亲本之间的交配。在分类学地位上较远的两亲本间的交配，称为远缘杂交，其子代称为杂种。杂交是动植物遗传改良的重要手段，可直接利用获得的杂种优势或为育种制备中间材料（张国范等，2004）。杂交育种的基本原理是对遗传基础不同的品种/品系、自交系、近缘种的雌雄个体进行交配，使其基因自由组合，产生杂种子一代，可利用其在生长势、生活力、抗病性、产量和品质等比其双亲有优势的特点（楼允东，2009）；也可利用杂交获得新的遗传类型个体，再通过人工选择的方法使优良性状固定下来，并可稳定遗传，最终形成新品种（王清印，2013）。关于扇贝的种内和种间杂交国内外学者做了一些工作，如 Saunders（1994）在加拿大对虾夷扇贝和同属于 *Patinopecten* 的方向标扇贝（*P. caurinus*）进行了杂交，培育出一种杂交扇贝新品系——太平洋扇贝；陈来钊等（1994）对海湾扇贝和虾夷扇贝的种间杂交及其影响因子进行了初步研究；杨爱国课题组（杨爱国，2002、2004；周丽青，2003）自 20 世纪 90 年代后期对虾夷扇贝和栉孔扇贝的杂交进行了相关研究，发现子代在生长和抗逆方面相对于亲本具有一定的优势。

4. 多倍体育种

在海洋生物中，多倍体育种主要是指利用三倍体性腺不育或者育性差的特点，将其在繁殖期用于性腺发育的能量用于生长。因此，三倍体一般表现为生长快、个体大、肉质好和繁殖季节死亡率低的特点。由于大多数海洋生物排出的成熟卵子一般停留在第一次减数分裂前期或中期，当精卵结合后，卵子才释放出第一、第二极体，完成第一次和第二次减数分裂，进入第一次卵裂。海洋生物这种减数分裂的特点为其多倍体育种操作提供了有利条件（范兆廷，2005）。在虾夷扇贝多倍体育种中，国内一些学者采用不同的处理手段均获得了三倍体虾夷扇贝，如常亚青（2001）采用细胞松弛素 B（CB）处理获得了三倍体虾夷扇贝；宋坚（2014）利用静水压在虾夷扇贝授精后 75 min，以 60 MPa 持续处理 5 min，所得的三倍体率最高，达 100%；马培振（2014）对高盐诱导三倍体虾夷扇贝进行了初步研究。

5. 分子标记辅助育种

分子标记辅助育种（molecular marker - assisted selection，MAS）是通过建立与目标性状基因相关联的分子标记，来辅助育种的方法。分子标记辅助育种是分子生物学与传统育种学相结合产生的新的育种理论。与传统的畜禽和作物育种相比，水产动物育种工作起步较晚、基础薄弱，MAS 技术的出现为水产动物育种业的快速跨越式发展提供了机遇。虽然分子标记辅助育种理论上可提高育种效率、缩短育种周期，但是却难以在实际生产中得到应用。高通量测序技术的发展及虾夷扇贝基因组测序的完成为虾夷扇贝高通量分子标记的开发提供了可能，必将促进虾夷扇贝分子育种的发展。

四、虾夷扇贝壳色多态性及新品种选育

虾夷扇贝作为一种双壳贝类，其壳色呈现简单而明显的多态性（图 2 - 1）：常见虾夷扇贝左壳为褐色、右壳为白色，表现出左右壳间的差异；此外，虾夷扇贝自然群体中还有少部分个体左壳为白色或橙色，表现出了个体间的差异。由于虾夷扇贝重要的经济和进化地位，目前对虾夷扇贝的研究已全面深入地展开，涉及基因组学、转录组学、表观遗传学、遗传育种等，尤其是虾夷扇贝的基因组测序工作已完成（Wang 等，2017），为虾夷扇贝生物学问题的研究提供了丰富的数据资源，使其成为贝类壳色遗传机制研究的理想材料。

目前，虾夷扇贝中以壳色为目标性状选育出了两个国家审定新品种，分别为獐子岛集团股份有限公司和中国海洋大学包振民院士课题组选育的虾夷扇贝“獐子岛红”（GS - 01 - 004 - 2015）和由本课题选育的虾夷扇贝“明月贝”（GS - 01 - 010 - 2017）。虾夷扇贝“獐子岛红”是以 2004 年从大连獐子岛海域采捕的 1 万枚虾夷扇贝为基础群体，以壳色和壳高为选育指标，采用群体选育辅以家系选育技术，经连续 5 代选育而成。上壳（左壳）为橘红色。在相同养殖条件下，与未经选育的虾夷扇贝相比，18 月龄贝平均壳高、壳长和体重分别提高 11.3%、11.2%和 33.8%。适宜在我国辽宁大连和山东北部沿海养殖

(梁俊等，2016)。虾夷扇贝“明月贝”是以 2007 年从辽宁大连和山东长岛海域虾夷扇贝养殖群体中收集挑选的 1 000 枚个体为基础群体，以壳色和壳高为目标性状，采用群体选育和家系选育技术，经连续 4 代选育而成，贝壳双面均为白色。在相同的养殖条件下，与未经选育的虾夷扇贝相比，20 月龄贝壳高平均提高 12.3%。适宜在辽宁和山东进行养殖（丁君等，2019)。以壳色为目标性状选育出的一系列生长快速、抗逆性强、存活率高的新品种，促进了我国贝类产业的健康持续多元化发展。

第三章　虾夷扇贝壳色形成组织外套膜的组织学研究

一、贝类的外套膜组织

软体动物贝壳形态及颜色存在丰富多样性的背后原因是一个进化上同源的组织器官——外套膜（Budd 等，2014）。外套膜是软体动物的重要器官，位于贝壳和内脏团之间，是生物矿化的中心，主要负责贝类贝壳的形成。贝类的贝壳结构一般可以分为三层，由外到内分别是角质层（periostracum）、棱柱层（prismatic layer）和珍珠层（nacreous layer）。外套膜根据功能不同主要可以分为边缘膜和中央膜两大部分，一般认为分别负责不同壳层的形成，即边缘膜负责角质层和棱柱层的形成，中央膜负责珍珠层的形成。

贝壳色素主要由外套膜产生，并沿着生长的壳边缘结合到贝壳中，而随着新壳物质的加入，壳边缘的位置会随着时间的推移而不断变化，并融合新的色素（Fowler 等，1992）。但腹足纲的宝贝科（宝贝，cowries）是一例外，在宝贝幼贝时符合上述规律，即贝壳色素逐渐加入生长的壳边缘，但在成体宝贝中，外套膜参与了大部分壳表面的色素沉积，而不仅仅是在壳的边缘位置（Oberling，1968；Ermentrout 等，1986；Savazzi，1998）。贝壳色素一般在贝壳的外层沉积，但也有一些物种可能在不同的壳层沉积，甚至在最内侧的壳层沉积，如双壳贝类红唇满月蛤（*Codakia paytenorum*）的外壳通常为白色，而内侧为黄色，且壳边缘有一红唇（Budd 等，2014；Tursch 和 Greifeneder，2001）。

目前对于贝类外套膜组织的研究主要集中在组织学、分子生物学、组学等方面，以进行外套膜的组织发育及功能探究。早在 1952 年，Ojima 等就对马氏珠母贝的外套膜进行了组织学研究，并认为普遍存在于外套膜组织中的电子透明大粒细胞行使钙的转运体功能，参与了贝壳的矿化。李太武等（2008）对文蛤外套膜的组织切片分析发现，外套膜中的黄色素带与贝壳的色泽及花纹有关，黑色素带则与文蛤的生长状态有关。张安国等（2011）利用光镜和电镜技术分别对有花纹和无花纹文蛤的外套膜进行了显微和亚显微结构研究，发现在有花纹文蛤外套膜外表皮细胞中存在大量的色素颗粒，而无花纹文蛤个体的外套膜外表皮细胞内的色素颗粒较有花纹个体数量少、体积也小，表明外套膜外表皮中色素颗粒的分布与壳色和花纹相关。

此外，贝类的外套膜组织在免疫防御和神经传导中发挥重要作用。贝类外套膜是机体最先与外界接触的部分，是贝类免疫防御的第一道屏障。贝类外套膜中存在大量的黏液细胞，与贝类贝壳形成及免疫具有密切的关系。贝类外套膜中具有发达的神经组织，对外界刺激能够快速地进行传导和应答，而已有研究表明，贝类贝壳和壳色的形成同样受到神经系统的调控（Boettiger 等，2009；Budd 等，2014）。

二、虾夷扇贝外套膜不同区域的组织学研究

本研究利用组织学及组织化学染色方法（HE 和 AB-PAS 染色），对虾夷扇贝外套膜的形态结构及黏液细胞类型和分布进行了研究。其中，AB-PAS（Alcian blue-periodic acid-Schiff，阿尔辛蓝-过碘酸希夫）联合染色技术，是鉴定黏液细胞类型常用的方法之一，可同时鉴别同一组织切片中的中性黏多糖和酸性黏多糖，其中含有酸性黏多糖的黏液细胞被 AB 染料染成蓝色，含有中性黏多糖的黏液细胞被 PAS 染料染成红色，同时包含中性和酸性黏多糖的黏液细胞则被两种染料染成紫色。

虾夷扇贝的外套膜组织是位于贝壳和软体组织之间的膜状结构（图 3-1A），具有双壳贝类典型的外套膜结构特点，主要由游离的边缘膜（edge mantle）和紧贴壳内部的中央膜（central mantle）两部分组成（图 3-1B）。

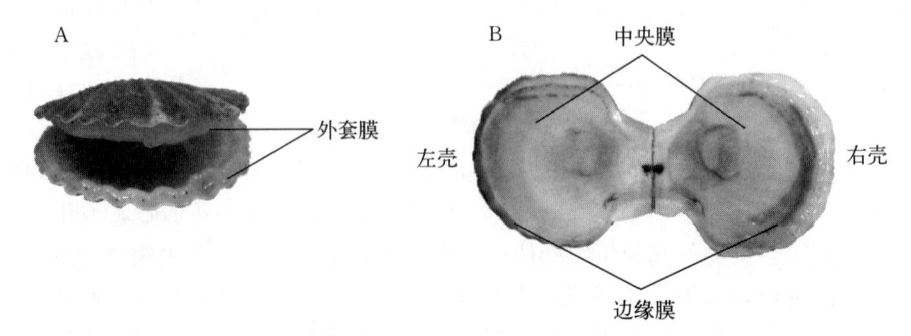

图 3-1 虾夷扇贝的外套膜组织

（一）虾夷扇贝边缘膜的组织结构特点

边缘膜是外套膜组织的游离部分，主要由内外表皮细胞、肌肉组织、疏松

结缔组织以及发达的神经组成，可以分为三个突起：生壳突起（outer fold）、感觉突起（middle fold）和缘膜突起（inner fold）（图 3-2）。在生壳突起和感

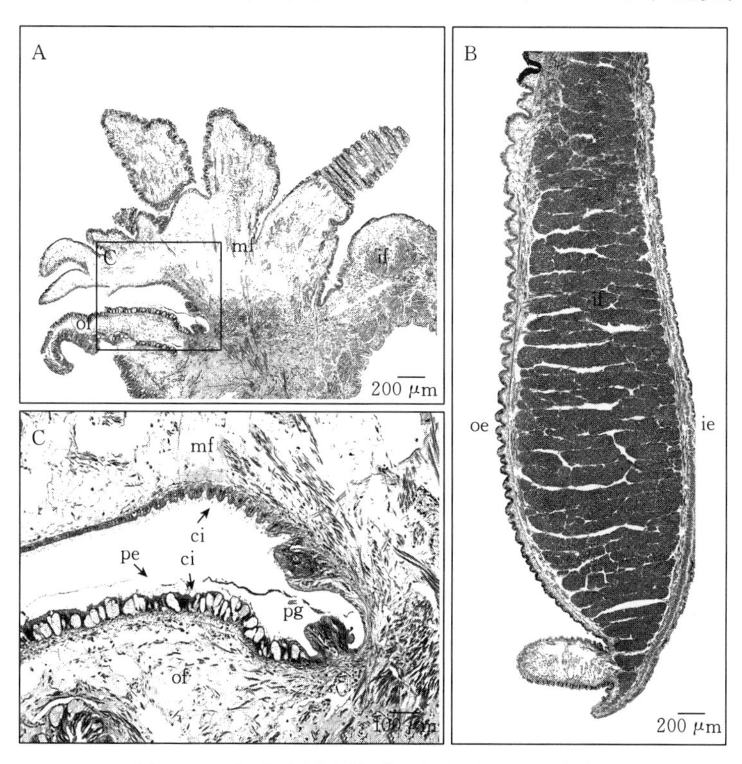

图 3-2　虾夷扇贝边缘膜组织切片（HE 染色）

A. 生壳突起和感觉突起　B. 缘膜突起　C. 角皮沟

of. 生壳突起　mf. 感觉突起　if. 缘膜突起　pg. 角皮沟　pe. 角皮层　ci. 纤毛　oe. 外表皮　ie. 内表皮

觉突起之间有一层角皮沟（外沟），负责角质层的形成，在图 3-2C 中可以观察到新形成的角质层。此外，在边缘膜基部三个突起的交汇处，有一较大的圆形神经节（图 3-3），它是外套膜最主要的神经，负责整个外套膜神经的分配。

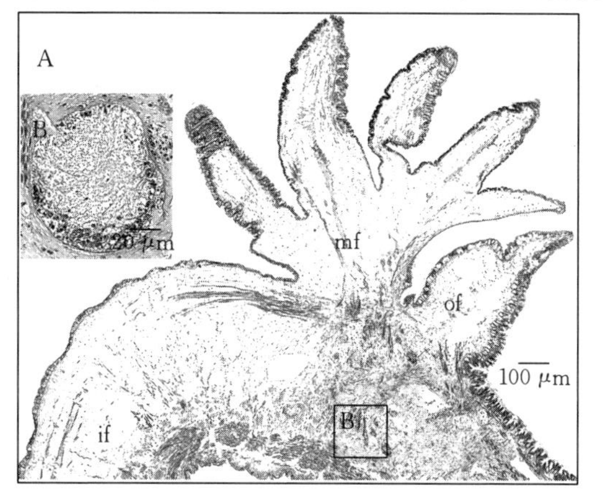

图 3-3　虾夷扇贝外套膜神经节

of. 生壳突起　mf. 感觉突起　if. 缘膜突起

1. 生壳突起

生壳突起是最接近壳层的指状突起，比其他两个突起小，只有一个触手，主要由外

表皮、内表皮和填充在内、外表皮之间的疏松结缔组织和少量肌纤维组成（图 3-2A）。生壳突起的内、外表皮主要由单层柱状上皮细胞组成，其中位于外表皮的柱状细胞较高，位于内表皮的纤毛柱状细胞较矮（图 3-4A）。在生壳突起的内外表皮中分布有丰富的黏液细胞。经 AB-PAS 染色，黏液细胞被染成蓝色，表明这些黏液细胞为主要含有酸性黏多糖的黏液细胞（图 3-4B）。研究表明，生壳突起具有旺盛的贝壳分泌功能，贝壳棱柱层主要由生壳突起表皮细胞分泌形成（Nakahara 和 Bevelander，1971）。外套膜中的纤毛上皮细胞与外套膜的黏液细胞分泌密切相关。角质层起源于角皮沟底部的细胞内，并在其向边缘移动时，由于生壳突起细胞的分泌而逐渐增厚（Bubel，1973；Richardson 等，1981；Checa，2000）。纤毛上皮细胞可能参与引导最新生长的角质层向角皮沟的外侧移动。在本研究中，在生壳突起和感觉突起之间观察到一个新形成的角质层，它起源于角皮沟（图 3-2C），而在与角皮沟相对的生壳突起的内表皮和感觉突起的外表皮上发现有一排稀疏的纤毛分布，很可能与新壳质的分泌和运输有关。

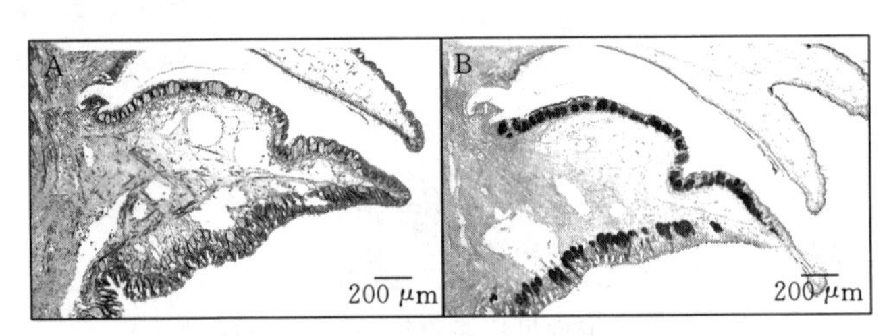

图 3-4　虾夷扇贝外套膜生壳突起

A. HE 染色　B. AB-PAS 染色

2. 感觉突起

虾夷扇贝的感觉突起十分发达，位于边缘膜的中部，与缘膜突起之间以内沟相隔（图 3-2A）。感觉突起通常由 1 个主突和 3～6 个次突组成，表皮细胞主要由单层柱状细胞组成，呈紧密栅栏状排列（图 3-5A），并在一些区域内陷形成嵴状结构（图 3-5B），增加了表皮的表面积。表皮细胞中分布有黏液细胞，经 AB-PAS 染色呈现蓝色，表明这些黏液细胞主要分泌酸性黏多糖（图 3-5F 和 G）。感觉突起的分泌功能目前尚不清楚，而外套膜细胞在壳层损伤后具有显著的改变其分泌活动的能力，因此推测感觉突起的黏液细胞很可能参与贝壳的形成。感觉突起发达的神经纤维贯穿于每个次突分支中，周围分布着神经细胞体（图 3-5A 和 C），与外套膜的感觉功能密切相关。感觉突起含有的肌纤维主要为纵肌和少量的环肌，发挥着控制感觉突起伸缩的功能。在感觉突起次突上还有外套膜眼规律分布，并靠近缘膜突起侧（图 3-5E），具有感光功能。此外，在感觉突起各突起的内表皮和外表皮的基部还发现大量棕褐色色素颗粒的存在（图 3－5D），与外套膜上色带的产生具有密切关系，也很可能与虾夷扇贝壳色的形成有关。

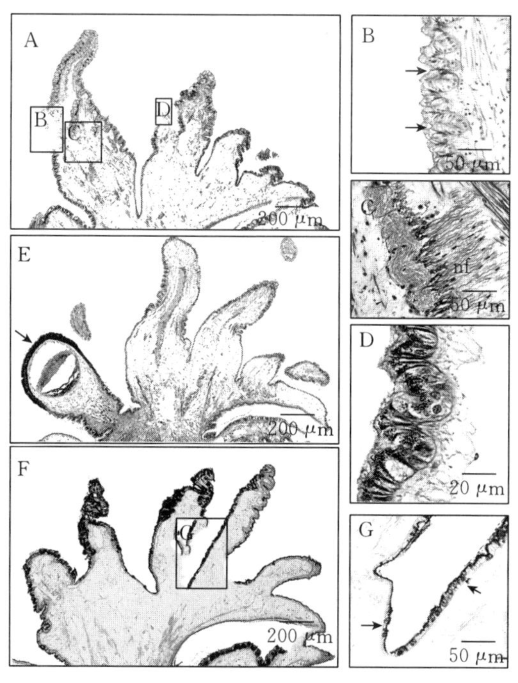

图 3－5　虾夷扇贝外套膜感觉突起

nf. 神经纤维

3. 缘膜突起

虾夷扇贝的缘膜突起十分发达，是边缘膜最大的结构，是一种肌肉发达的帆状突起，在其远端还有一个指状小突起（图 3－2B）。缘膜突起分布于靠近内脏团的一侧，在虾夷扇贝拍击的游泳运动中起到辅助调控水流进出外套腔的作用。缘膜突起的单层柱状表皮细胞低矮，形成与感觉突起类似的嵴状结构，这一现象在外表皮更为明显（图 3－6A）。缘膜突起最突出的特点是肌肉发达，特别是中间部分的环肌，在表皮细胞下面还有一些结缔组织和放射肌的分布（图 3－6A）。缘膜突起基部的结缔组织较为丰富，肌纤维含量较少；顶端的肌纤维含量较多且结构致密，结缔组织含量较少。缘膜突起上下表皮中只存在非常少量的黏液细胞，经过 AB－PAS 染色显示，为主要分泌酸性黏多糖的黏液细胞（图 3－6C 和 D）。此外，在缘膜突起的上下表皮中还分布有大量的棕褐色色素颗粒（图 3－6A 和 B）。

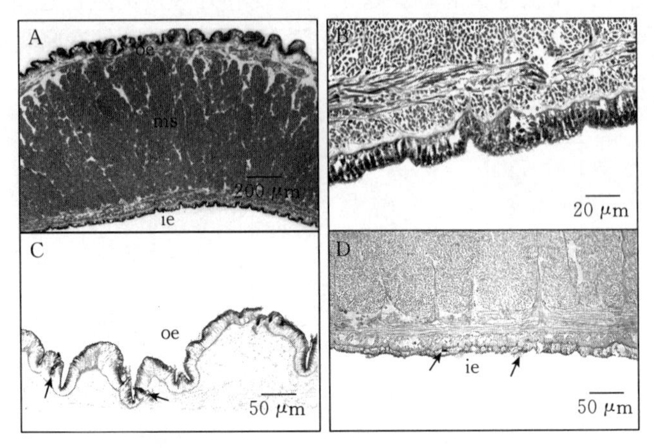

图 3-6 虾夷扇贝外套膜缘膜突起

oe. 外表皮 ie. 内表皮 ms. 肌肉

(二) 虾夷扇贝中央膜的组织结构特点

虾夷扇贝的中央膜是一种紧贴在壳内部的透明弹性薄膜（图 3-1B），结构与边缘膜相比较为简单。中央膜主要由内外单层柱状表皮和两表皮之间的疏松结缔组织组成，在结缔组织中有血淋巴细胞、血腔隙、神经纤维束和少量的肌纤维（图 3-7A、B 和 C）。丰富的不同类型的黏液细胞分别分布在中央膜的外表皮和内表皮中（图 3-7D 和 E），其中，在内表皮中观察到的黏液细胞主要有两种类型：一种是主要分泌酸性黏多糖的黏液细胞（AB-PAS 染色呈蓝色），另一种是同时分泌中性和酸性混合黏多糖的黏液细胞（AB-PAS 染色呈紫色）。一般认为中央膜主要负责贝壳珍珠层的分泌（Watabe 等，1958）。未在中央膜中观察到色素颗粒的存在。

外套膜细胞的分泌功能一般被认为与壳层形成密切相关，本研究在外套膜表皮细胞中发现大量的不同类型的黏液细胞，其中分泌酸性黏多糖的黏液细胞广泛分布于边缘膜的三个突起和中央膜中，尤其是生壳突起和中央膜外表皮中，酸性黏多糖可以通过结合钙离子而在贝壳钙化过程中起积极的作用（Beedham，1958；Saleuddin，1965），因此这些黏液细胞在贝壳的分泌形成中具有重要功能，位于不同外套膜区域的黏液细胞则可能参与不同壳层的形成。此外，除了贝壳分泌，黏液细胞还有重要的免疫功能，能够保护被覆组织免受物理、化学和生物损害（Schmidt-Nielsen 等，1971；Hargens 和 Shabica，1973）。贝类黏液细胞还含有各种具有先天免疫应答功能的生物活性分子，如免疫识别（例如肽聚糖、凝集素和 Toll 样受体）、免疫激活、细胞信号传导

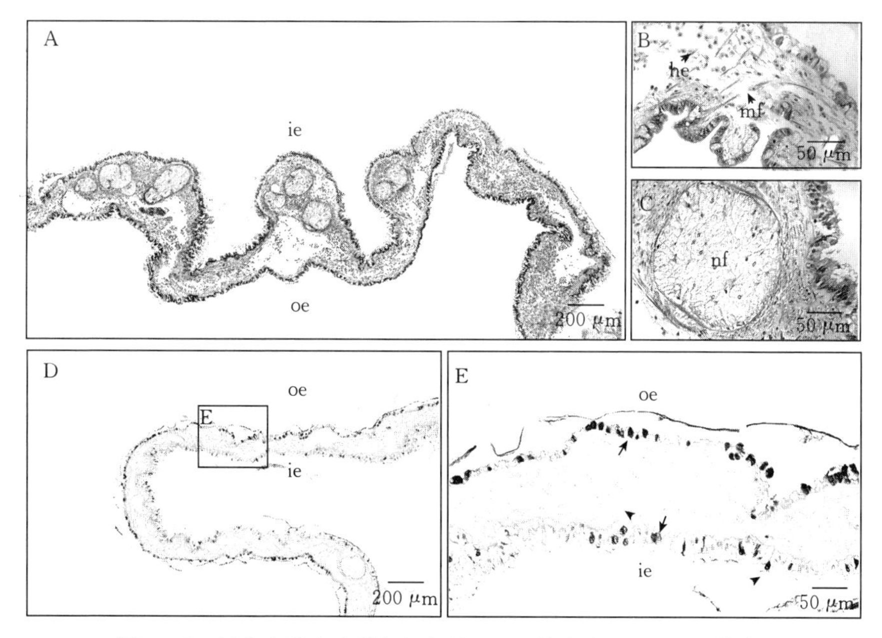

图 3-7　虾夷扇贝中央膜组织切片（HE 染色和 AB-PAS 染色）
oe. 外表皮　ie. 内表皮　he. 血淋巴细胞　mf. 肌纤维　nf. 神经纤维

（例如 NF-κB、MAPK 和 JAK-STAT 途径）和免疫效应物（例如抗菌肽和蛋白质、水解酶和抗氧化酶），在贝类免疫反应中发挥重要作用（Allam 和 Espinosa，2015）。

三、不同壳色虾夷扇贝外套膜组织学比较

赵乐等（2014）以 2 龄褐壳虾夷扇贝和白壳虾夷扇贝（“明月贝”）为实验材料，进行了不同壳色虾夷扇贝外套膜的形态学和显微结构比较研究。通过观察发现，两种壳色个体均具有典型的双壳贝类外套膜特征。形态学上，褐壳虾夷扇贝的外套膜游离端（边缘膜）上存在较多的黑色条斑，而白壳虾夷扇贝较少（图 3-8）；显微结构观察发现，两种壳色虾夷扇贝边缘膜的生壳突起中均不含色素颗粒，来自黑色条斑部位的缘膜突起外表皮和感觉突起表皮细胞中的顶端胞质分布有大量棕褐色色素颗粒，而无黑色条斑部位的外套膜仅部分区域存在少量的色素颗粒，两种壳色个体外套膜其余部位在组织结构上均无明显差异。因此，该研究推测虾夷扇贝感觉突起和缘膜突起与贝壳色素富集存在密切关系。

我们前面的研究同样在边缘膜的感觉突起和缘膜突起表皮细胞中发现了大

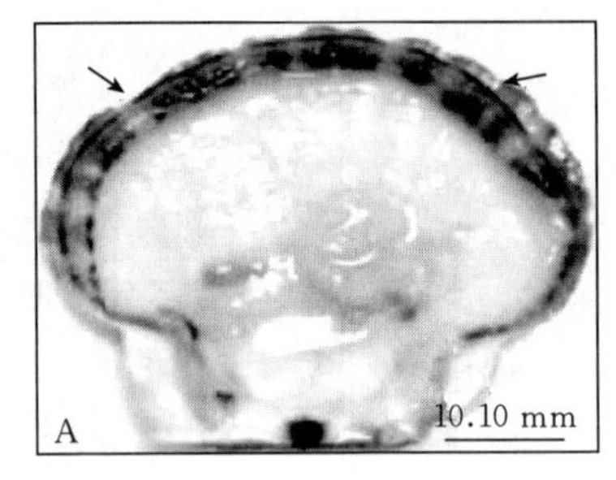

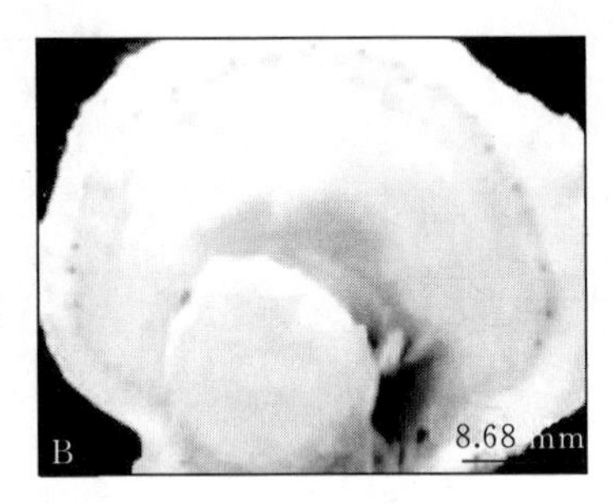

图 3-8　不同壳色外套膜的形态学观察

A. 褐壳　B. 白壳

量棕褐色色素颗粒的存在，其可能与外套膜颜色的形成直接相关，而与贝壳壳色的关系还有待进一步的研究。

第四章　虾夷扇贝壳色形成组织外套膜的转录组学研究

一、转录组测序技术

转录组（transcriptome）广义上指某一生理条件下，细胞内所有转录产物的集合，包括信使RNA、核糖体RNA、转运RNA及非编码RNA；狭义上指所有信使RNA的集合。转录组研究是了解基因结构、挖掘基因功能的重要手段。转录组研究技术不断发展，如SAGE（serial analysis of gene expression，基因表达串联分析）技术、DGE（digital gene expression，数字表达谱）技术、基因芯片和RNA-seq（转录组测序）技术等。目前，用于转录组研究的技术手段主要有基于杂交技术的微阵列（基因芯片）技术和基于高通量测序的RNA-seq技术。相比于基因芯片技术，RNA-seq技术在转录组研究中具有诸多的优势：①能够检测到细胞内少至几个的稀有转录本，灵敏度较高；②RNA-seq能够提供单个碱基的分辨率，精确度好，分辨率高；③RNA-seq采用数字化信号，不存在基因芯片技术中荧光模拟信号引起的交叉反应和背景噪音问题；④可以对任意物种的转录组进行分析，不会受到相应物种遗传信息缺乏的局限。RNA-seq技术已广泛应用于生理调控、农业性状、生物标记、环境改造、疾病机制和药物筛选等领域（Costa等，2010）。

RNA-seq技术的原理较为简单。首先将研究样品中的RNA按需要分离，然后进行片段化，并对片段化的RNA进行反转，最后在获得的小片段cDNA两端加上测序接头，就可以利用新一代测序平台进行测序了。测序数据处理上，根据所研究物种有无参考基因组序列，可以分为有参考基因组的数据处理和无参考基因组的数据处理两类。有参转录组的分析首先将质控后的高质量测序片段比对到参考基因组上，这是所有后续处理的基础（王曦，2010）；无参转录组的分析则需要利用自身测序数据先拼接构建一个参考转录组，然后再将各测序片段比对到参考转录组上，以进行后续的处理（Haas等，2013）。通过上述两种方式，转录组的组成和丰度信息即可得到确认，随后，依照不同的实验设计需要，可对转录组进行基因功能注释、多类样本间转录组数据的比较和差异表达基因识别等。

由第三章可知，虾夷扇贝的外套膜主要由边缘膜和中央膜组成，且在显微结构上存在显著的区别，一般认为外套膜不同区域负责不同壳层的形成。为了探究虾夷扇贝外套膜不同区域在贝壳及壳色形成中的分子功能，本研究首次进行了虾夷扇贝外套膜不同区域的转录组测序及比较分析。

二、虾夷扇贝外套膜不同区域的转录组学研究

（一）虾夷扇贝外套膜转录组测序及拼接

从大连獐子岛海域收集 2 龄褐壳虾夷扇贝，在实验室中以最适条件培养 1 周后进行解剖取样，对外套膜的边缘膜和中央膜分别进行解剖，液氮冷冻，−80 ℃保存。随机选取 3 只个体的边缘膜和中央膜组织进行 RNA 的提取、RNA - seq 测序文库的构建及高通量测序，所选用的测序平台为 Illumina HiSeq2500 测序仪，实验流程如图 4 - 1 所示。然后，对测序数据进行生物信息学分析，主要包括测序数据质量控制、转录组拼接、功能注释、基因表达水平分析、差异表达基因筛查及 GO、KEGG 富集分析等，分析流程如图 4 - 2 所示。

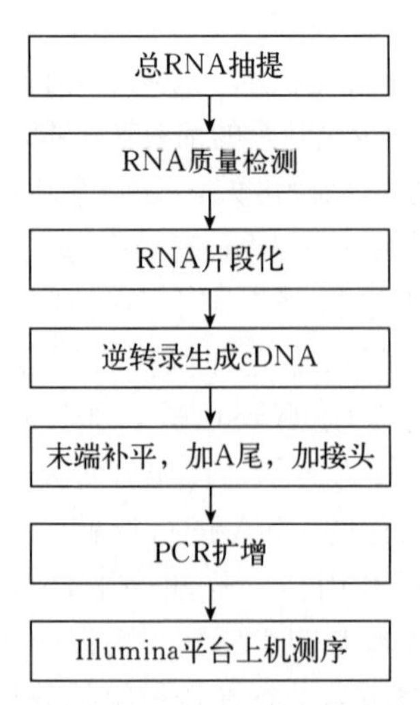

图 4 - 1　RNA - seq 测序实验流程

通过测序总共获得 314 060 880 条 Clean reads（约 36. 56 Gb），其中边缘膜获得 156 785 500 条（18. 25 Gb），中央膜 157 275 380 条（18. 31 Gb），平均每个样本 52 343 480 条，测序数据情况见表 4 - 1。所有数据去除低质量序列

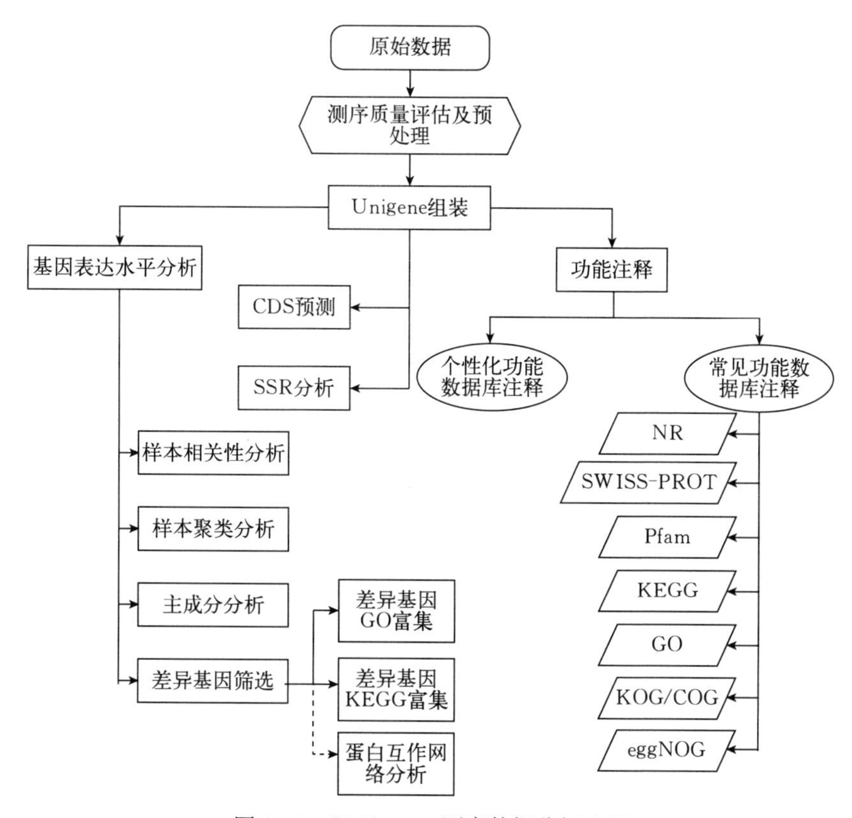

图 4-2　RNA-seq 测序数据分析流程

后，利用 Trinity 软件进行转录组的拼接，最终共获得 80 831 条 Unigene，平均长度 1 607 bp，Contig N50 为 2 632 bp，转录组拼接序列长度分布如图 4-3 所示，拼接结果总结于表 4-2 中。

表 4-1　虾夷扇贝外套膜不同区域转录组测序数据

组织	样品名称	Clean reads	Clean bases
边缘膜	Ed _ s1	52 219 740	6 526 671 504
	Ed _ s2	52 317 560	6 538 901 786
	Ed _ s3	52 248 200	6 530 237 932
	总计	156 785 500	19 595 811 222
中央膜	Ce _ s1	52 288 720	6 535 422 738
	Ce _ s2	52 503 860	6 562 309 030
	Ce _ s3	52 482 800	6 559 684 488
	总计	157 275 380	19 657 416 256

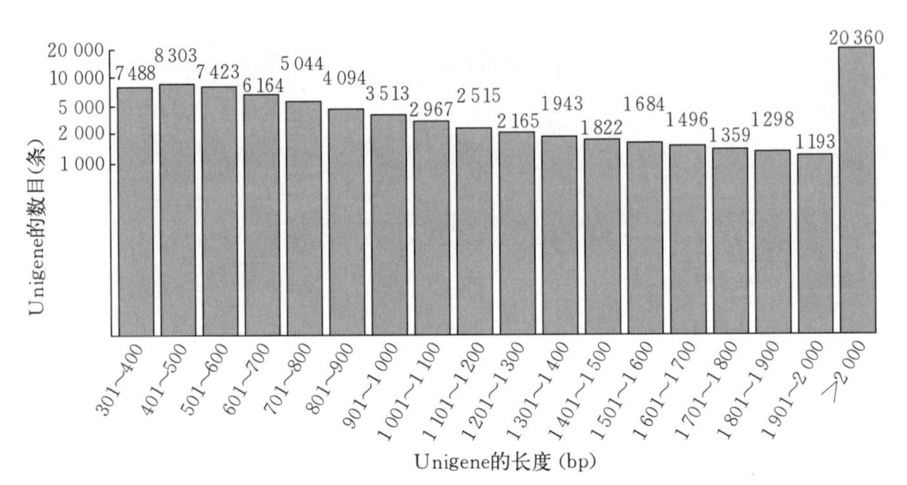

图 4-3　转录组拼接 unigene 长度分布

表 4-2　虾夷扇贝外套膜转录组拼接情况

	合计	≥500 bp	≥1 000 bp	N50	总长度	最大长度	最小长度	平均长度
Unigene	80 831 条	65 095 条	38 843 条	2 632 bp	1.3×10^{8} bp	40 012 bp	301 bp	1 607 bp

(二) 虾夷扇贝外套膜转录组功能注释

利用 BLASTX（$E\leqslant1\times10^{-5}$），将拼接好的 Unigene 序列分别与 NR、SWISS-PROT、KOG、GO 和 KEGG 等数据库进行比对，以获得各基因不同层面的功能注释信息。在各数据库的比对率分别为 31.32%、23.75%、20.27%、21.73% 和 8.97%（表 4-3）。在 GO 注释中，有 17 567 条 Unigenes 分别注释到 12 658 个 GO 条目中，根据功能主要可以分为三大类，分别为生物学过程（biological process）（约 65.67%）、细胞组分（cellular component）（约 10.44%）和分子功能（molecular function）（约 23.90%），如图 4-4 所示。在生物学过程这一大类别中，大多数的基因与细胞过程（cellular process，约 14.81%）、单有机体过程（single-organism process，约 12.65%）和代谢过程（metabolic process，约 11.58%）等有关；在细胞组分中，大多数功能集中在细胞（cell，约 19.54%）、细胞成分（cell part，约 19.49%）和细胞器（organelle，约 15.29%）等；在分子功能中，大多数基因与结合活性（binding，约 44.48%）、催化活性（catalytic activity，约 33.17%）和转运活性（transporter activity，约 5.95%）等相关。

表 4-3　虾夷扇贝外套膜转录组注释情况

数据库	NR	SWISS-PROT	KOG	GO	KEGG
注释数目	25 319	19 201	16 387	17 567	7 253
注释率	31.32%	23.75%	20.27%	21.73%	8.97%

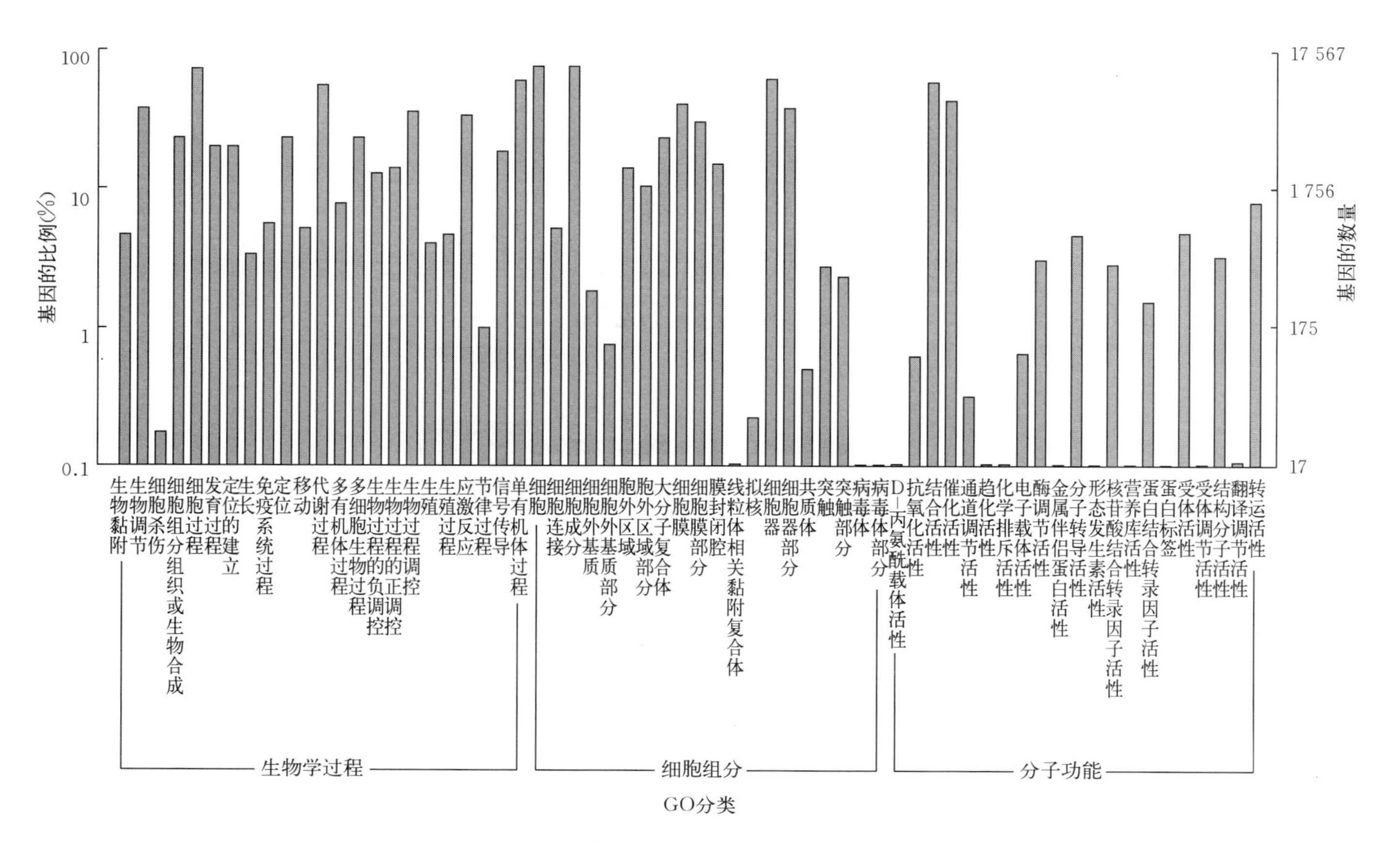

图4-4　虾夷扇贝外套膜转录组GO注释

在KOG注释中，共有16 387条Unigenes注释到25个KOG功能分类中，如图4-5所示，其中一般功能预测（general function prediction only，R，约19.30%）、信号传导机制（signal transduction mechanisms，T，约17.82%）和翻译后修饰、蛋白质转换、分子伴侣（posttranslational modification，protein turnover，chaperones，O，约10.02%）等功能所占比例较高。最后，对所有的Unigenes进行了分子代谢通路的预测，其中有7 253条Unigenes包含在了342条代谢通路中，这些通路主要可以分为六大类，分别为细胞过程（cellular processes，约11.81%）、环境信息处理（environmental information processing，约13.76%）、遗传信息处理（genetic information processing，约7.56%）、人类疾病（human diseases，约25.05%）、新陈代谢（metabolism，约18.38%）和生物体系统（organismal systems，约23.43%），如图4-6所示。

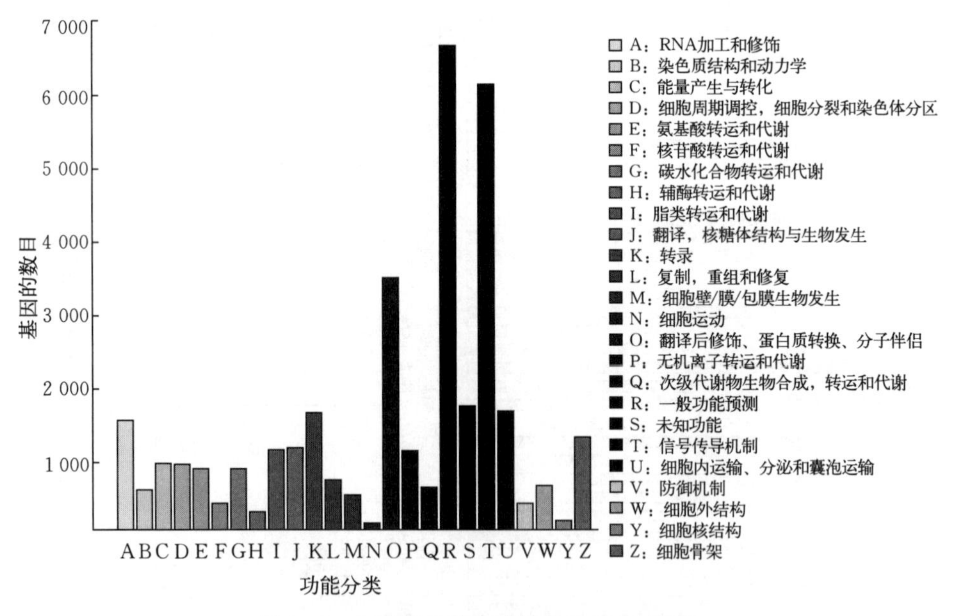

图4-5 虾夷扇贝外套膜转录组KOG注释

（三）虾夷扇贝外套膜不同区域的基因差异表达分析

1. 差异表达基因的筛选

利用Bowtie 2软件（http://bowtie-bio.sourceforge.net）（Langmead和Salzberg，2012），将每个样本的高质量序列与上面构建的参考转录组进行比对，并利用FPKM法（Trapnell等，2010）计算每个样本中每条Unigene的表达水平，FPKM（fragments per kilobase per million mapped reads）指的是

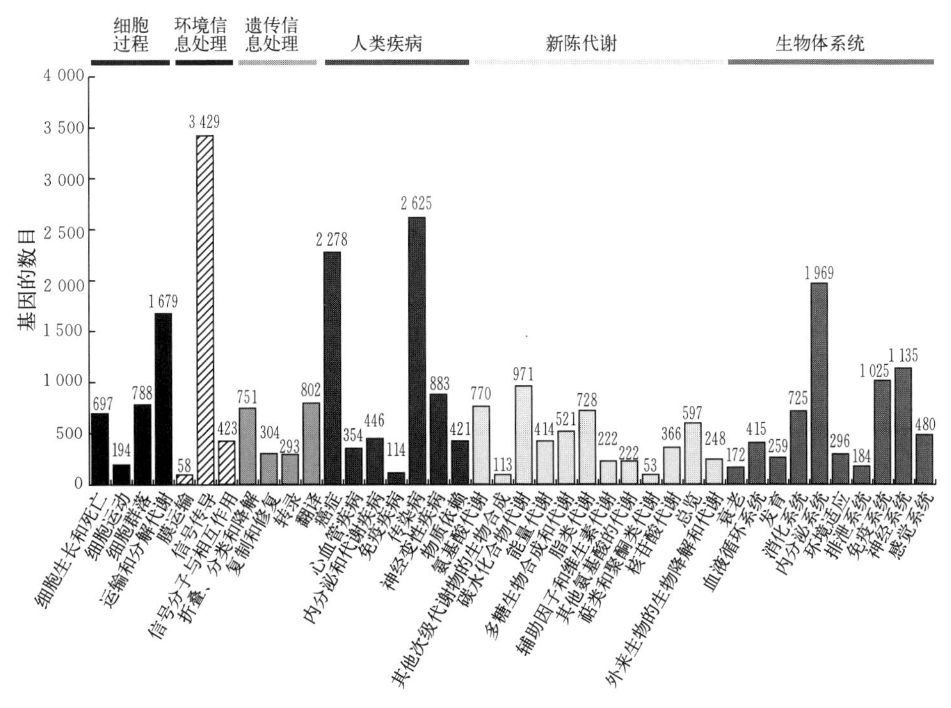

图 4－6　虾夷扇贝外套膜转录组 KEGG 注释

每百万 Fragments 中来自某一基因每千碱基长度的 Fragments 数目，FPKM 法同时考虑了测序深度和基因长度对 Fragment 计数的影响，是目前常用的基因表达水平的估算方法。其计算公式（以 Unigene A 为例）如下：

$$\text{FPKM}(A)=\frac{\text{比对到基因 } A \text{ 的 Fragments 数}}{\text{比对到所有基因的总 Fragments 数}\times\text{基因 } A \text{ 的长度}}\times 10^{9}$$

利用 DESeq（Anders，2010）软件中的负二项分布检验进行边缘膜和中央膜间各基因表达水平的差异显著性检验，并采用 FDR（false discovery rate，错误发现率）的方法对差异显著性 P（P－value）进行矫正。最终，将差异表达倍数（fold change）大于 2 且 $P\leqslant 0.05$ 的基因作为差异表达基因（differentially expressed genes，DEGs）。通过筛选共获得 3 350 个在边缘膜和中央膜中差异表达的基因，其中 1 730 个基因在边缘膜中上调表达，1 620 个基因在中央膜中上调表达（即在边缘膜中下调表达），如图 4－7 所示。

2. GO 富集分析

获得差异表达基因之后，对差异表达 Unigene 进行 GO 富集分析，以对其功能进行描述。利用超几何分布检验进行富集结果的差异显著性检验，$P<0.05$ 则认为差异显著。计算公式如下：

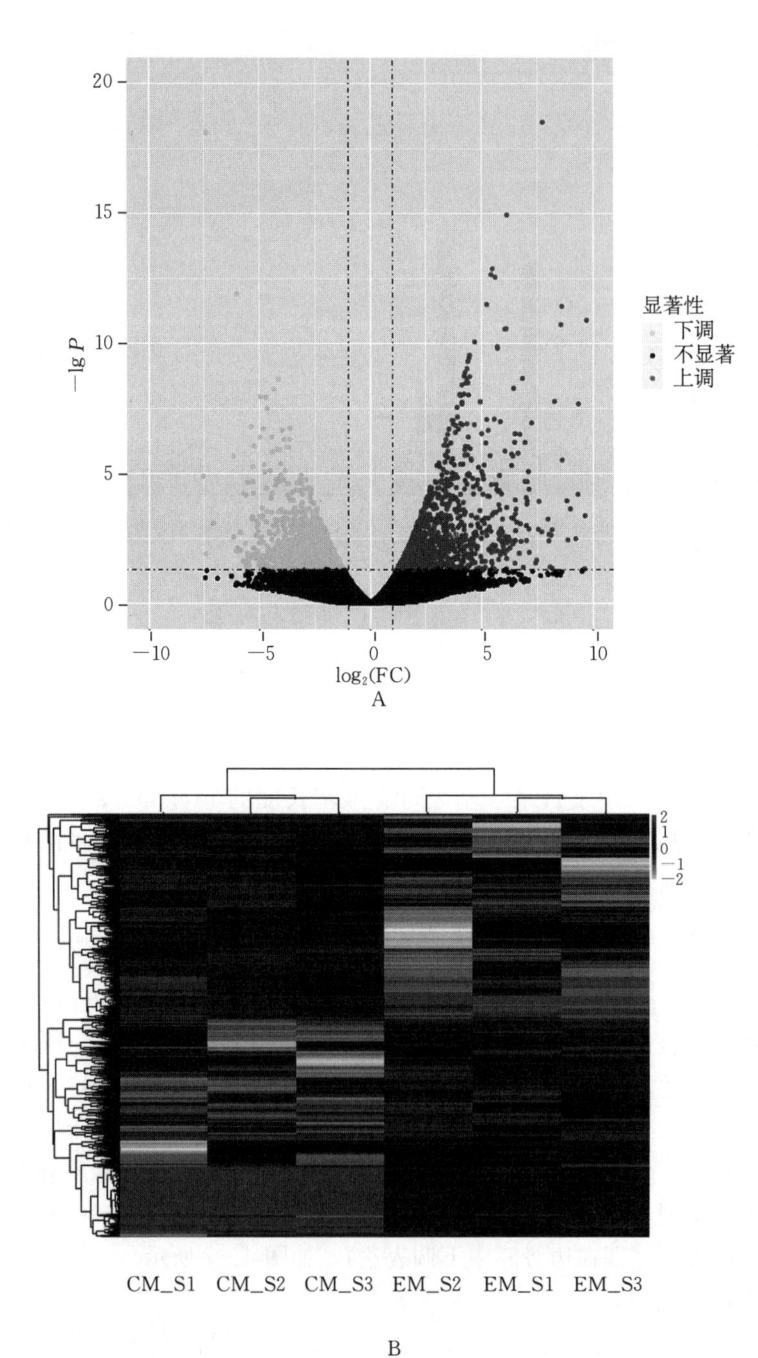

图 4-7　边缘膜和中央膜基因差异表达基因火山图（A）和聚类图（B）

$$P = 1 - \sum_{i=0}^{m-1} \frac{\binom{M}{i}\binom{N-M}{n-i}}{\binom{N}{n}}$$

Enrichment score 计算公式如下：$Enrichment\ score = \frac{\frac{m}{n}}{\frac{M}{N}}$

式中：N 为所有基因中具有 GO 注释的基因数目；n 为 N 中差异表达基因中具有 GO 注释的基因数目；M 为所有基因中注释为某特定 GO Term 的基因数目；m 为注释为某特定 GO Term 的差异表达基因数目。可以根据 GO 分析的结果结合生物学意义从而挑选用于后续研究的基因。

通过 GO 富集分析发现，在边缘膜上调表达基因中（表 4－4），与神经系统组成和神经传导以及肌肉组成、发育和活动相关的 GO 功能最为显著富集。此外，与对环境刺激的应答反应相关的功能显著富集，如温度变化、盐胁迫、损伤及真菌和细菌感染等。这与边缘膜的组织结构相一致。比如，通过第三章外套膜的组织学研究，我们发现外套膜边缘膜中具有发达的神经，首先在三个突起的交汇处有一较大的圆形神经节，负责整个外套膜神经的分配，其次，在感觉突起中分布有发达的神经纤维，从而使边缘膜对外界的刺激更为敏感而快速地做出应答反应。此外，边缘膜的缘膜突起具有发达的肌肉组织，而在转录组中与之相关的功能基因富集就不难理解了。值得注意的是，与生物矿化相关的 GO 功能同样在边缘膜上调表达基因中显著富集，如钙离子结合（calcium ion binding）、细胞钙离子稳态（cellular calcium ion homeostasis）、钙离子转运（calcium ion transport）、钙离子转运的正调控（positive regulation of calcium ion transport）、成骨作用（ossification）、蛋白质细胞外基质（proteinaceous extracellular matrix）、细胞外基质（extracellular matrix）、骨矿化的调节（regulation of bone mineralization）、胶原结合（collagen binding）和几丁质结合（chitin binding）；在这些差异表达基因中，很多基因都与贝壳的形成相关，如软骨基质蛋白、胶原蛋白、perlucin 蛋白、纤维蛋白原和糖蛋白等（详见表 4－5），这为虾夷扇贝贝壳形成机制研究提供了重要的候选基因。

表 4－4　边缘膜中上调表达基因 GO 富集分析

登录号	GO 注释	基因数目	P（$P \leqslant 0.05$）
	神经系统相关		
GO：0045211	突触后膜（postsynaptic membrane）	21	6.05×10^{-5}
GO：0007268	突触传递（synaptic transmission）	17	9.07×10^{-4}
GO：0007218	神经肽信号通路（neuropeptide signaling pathway）	14	1.29×10^{-5}

（续）

登录号	GO 注释	基因数目	P（P≤0.05）
GO：0042734	轴突导向（axon guidance）	13	1.64×10^{-2}
GO：0033270	突触（synapse）	12	1.96×10^{-2}
GO：0008188	神经肽受体活性（neuropeptide receptor activity）	11	8.48×10^{-6}
GO：0004889	乙酰胆碱激活的阳离子选择性通道活性（acetylcholine - activated cation - selective channel activity）	10	1.25×10^{-5}
GO：0007411	突触后致密物（postsynaptic density）	9	1.24×10^{-2}
GO：0050877	神经系统过程（neurological system process）	8	1.14×10^{-4}
GO：0043197	神经元投射发育（neuron projection development）	8	1.58×10^{-3}
GO：0005892	乙酰胆碱门控通道复合体（acetylcholine - gated channel complex）	7	2.23×10^{-5}
GO：0030182	神经元分化（neuron differentiation）	7	1.69×10^{-4}
GO：0001764	树突棘（dendritic spine）	7	5.95×10^{-3}
GO：0006836	神经元迁移（neuron migration）	7	8.82×10^{-3}
GO：0007271	胆碱能突触传递（synaptic transmission，cholinergic）	6	7.03×10^{-4}
GO：0042166	乙酰胆碱结合（acetylcholine binding）	5	2.24×10^{-5}
GO：0046686	突触前膜（presynaptic membrane）	5	1.96×10^{-2}
GO：0016199	轴突中线选择点识别（axon midline choice point recognition）	4	4.49×10^{-4}
GO：0045202	神经递质运输（neurotransmitter transport）	4	1.37×10^{-2}
GO：0001607	神经介质 U 受体活性（neuromedin U receptor activity）	3	2.86×10^{-4}
GO：0043194	轴突起始段（axon initial segment）	3	4.96×10^{-4}
GO：0019228	神经元动作电位（neuronal action potential）	3	7.97×10^{-4}
GO：0015464	乙酰胆碱受体活性（acetylcholine receptor activity）	3	1.21×10^{-3}
GO：0004983	轴突结侧区（paranode region of axon）	3	1.21×10^{-3}
GO：0050804	神经肽 Y 受体活性（neuropeptide Y receptor activity）	3	1.74×10^{-3}
GO：0014069	突触传递的调节（modulation of synaptic transmission）	3	6.95×10^{-3}
	肌肉组织相关		
GO：0003779	肌动蛋白结合（actin binding）	11	1.43×10^{-3}
GO：0006936	肌肉收缩（muscle contraction）	9	1.28×10^{-7}
GO：0005861	肌钙蛋白复合体（troponin complex）	7	0.00
GO：0030239	肌原纤维组装（myofibril assembly）	7	1.07×10^{-7}
GO：0030016	肌原纤维（myofibril）	6	1.47×10^{-5}
GO：0016459	肌球蛋白复合体（myosin complex）	5	2.16×10^{-2}

（续）

登录号	GO注释	基因数目	P（P≤0.05）
GO：0005865	横纹肌细肌丝（striated muscle thin filament）	4	1.28×10^{-6}
GO：0032982	粗肌丝（myosin filament）	4	1.28×10^{-6}
GO：0008307	肌肉结构成分（structural constituent of muscle）	4	4.59×10^{-5}
GO：0030240	骨骼肌细肌丝组装（skeletal muscle thin filament assembly）	3	0.00
GO：0061061	肌肉结构发育（muscle structure development）	3	6.62×10^{-5}
GO：0051371	肌肉α肌动蛋白结合（muscle alpha－actinin binding）	3	4.96×10^{-4}
GO：0043292	收缩纤维（contractile fiber）	3	4.96×10^{-4}
GO：0006937	肌肉收缩的调节（regulation of muscle contraction）	3	7.97×10^{-4}
GO：0005927	肌腱结合部（muscle tendon junction）	3	1.21×10^{-3}
GO：0046716	肌肉细胞稳态（muscle cell cellular homeostasis）	3	1.21×10^{-3}
GO：0048747	肌纤维发育 muscle fiber development	3	2.42×10^{-3}
GO：0051017	肌动蛋白纤维束组装（actin filament bundle assembly）	3	5.52×10^{-3}
	应答相关		
GO：0009409	低温应答（response to cold）	11	2.99×10^{-6}
GO：0009651	盐胁迫应答（response to salt stress）	11	6.95×10^{-6}
GO：0006952	防御反应（defense response）	10	9.22×10^{-5}
GO：0009611	损伤应答（response to wounding）	9	3.99×10^{-6}
GO：0050832	真菌防御反应（defense response to fungus）	7	6.36×10^{-4}
GO：0042742	细菌防御反应 defense response to bacterium	7	1.59×10^{-3}
GO：0009408	高温应答（response to heat）	6	2.14×10^{-2}
GO：0009414	缺水应答（response to water deprivation）	6	1.44×10^{-4}
GO：0031347	防御反应的调节（regulation of defense response）	4	1.28×10^{-6}
GO：0009266	温度刺激应答（response to temperature stimulus）	3	1.49×10^{-4}
	生物矿化相关		
GO：0005509	钙离子结合（calcium ion binding）	55	3.49×10^{-5}
GO：0005578	蛋白质细胞外基质（proteinaceous extracellular matrix）	25	2.17×10^{-7}
GO：0006874	细胞钙离子稳态（cellular calcium ion homeostasis）	12	3.83×10^{-6}
GO：0031012	细胞外基质（extracellular matrix）	9	7.43×10^{-5}
GO：0006816	钙离子转运（calcium ion transport）	9	5.62×10^{-4}
GO：0001503	成骨作用（ossification）	6	1.22×10^{-3}
GO：0030500	骨矿化的调节（regulation of bone mineralization）	4	2.39×10^{-5}

（续）

登录号	GO 注释	基因数目	P（P≤0.05）
GO：0051928	钙离子转运的正调控（positive regulation of calcium ion transport）	4	1.33×10^{-4}
GO：0005518	胶原结合（collagen binding）	3	1.51×10^{-2}
GO：0008061	几丁质结合（chitin binding）	3	3.99×10^{-2}

表 4-5　与贝壳形成的相关基因

基因号	注释	变化倍数（边缘膜/中央膜）	P（P≤0.05）
CL11100Contig1	软骨基质蛋白（cartilage matrix protein）	8.69	5.49×10^{-6}
CL18946Contig1	胶原蛋白 α-1（XXI）链 [collagen alpha-1（XXI）chain]	799.08	4.23×10^{-4}
CL52595Contig1	perlucin 蛋白（perlucin）	22.59	3.90×10^{-3}
CL13877Contig1	软骨基质蛋白（cartilage matrix protein）	59.78	3.94×10^{-3}
CL11890Contig1	PIF 蛋白（protein PIF）	7.33	1.23×10^{-2}
CL1115Contig1	胶原蛋白 α-4（VI）链 [collagen alpha-4（VI）chain]	3.03	1.23×10^{-2}
comp92445_c0_seq1_1	胶原蛋白 α-4（VI）链 [collagen alpha-4（VI）chain]	4.80	1.88×10^{-2}
comp133241_c0_seq1_2	软骨基质蛋白（cartilage matrix protein）	3.44	2.02×10^{-2}
CL28126Contig1	含纤维蛋白原 C 结构域蛋白 1-B（fibrinogen C domain-containing protein 1-B）	2.69	2.09×10^{-2}
CL63491Contig1	α-2-HS-糖蛋白（alpha-2-HS-glycoprotein）	—	3.09×10^{-2}
CL45Contig1	perlucin 类似蛋白（perlucin-like protein）	2.94	3.64×10^{-2}
CL2550Contig1	胶原蛋白 α-1（XII）链 [collagen alpha-1（XII）chain]	3.54	4.59×10^{-2}

在中央膜显著上调表达基因中显著富集的 GO 功能（表 4-6）主要与纤毛组分、组装和运动相关。同时，在中央膜的外表皮细胞上具有致密的梳状纤毛，很可能参与贝壳物质的吸收、分泌和运输。与神经系统相关的 GO 功能同样获得富集，但要明显少于边缘膜。此外，与生物矿化相关的 GO 功能主要和钙离子活动有关，如钙离子结合、胶原结合、钙离子通道活性和细胞质钙离子

浓度的正调控等。

表 4-6　中央膜中上调表达基因 GO 富集分析

登录号	GO 注释	基因数目	P（$P\leqslant 0.05$）
	纤毛运动相关		
GO：0031514	运动纤毛（motile cilium）	16	3.26×10^{-15}
GO：0003341	纤毛运动（cilium movement）	10	7.71×10^{-13}
GO：0003777	微管动力活性（microtubule motor activity）	18	2.18×10^{-12}
GO：0005874	微管（microtubule）	30	1.67×10^{-11}
GO：0001539	纤毛或鞭毛依赖性细胞运动（cilium or flagellum-dependent cell motility）	7	5.87×10^{-10}
GO：0005858	轴丝动力蛋白复合体（axonemal dynein complex）	7	1.15×10^{-9}
GO：0036156	内侧动力蛋白臂（inner dynein arm）	6	6.77×10^{-9}
GO：0005929	纤毛（cilium）	15	4.79×10^{-7}
GO：0030286	动力蛋白复合体（dynein complex）	7	6.70×10^{-7}
GO：0005930	轴丝（axoneme）	10	7.20×10^{-7}
GO：0036159	内侧动力蛋白臂组装（inner dynein arm assembly）	5	1.23×10^{-6}
GO：0036158	外侧动力蛋白臂组装（outer dynein arm assembly）	4	3.24×10^{-6}
GO：0060294	与细胞运动相关的纤毛运动（cilium movement involved in cell motility）	3	3.79×10^{-5}
GO：0035082	轴丝组装（axoneme assembly）	5	5.58×10^{-5}
GO：0060271	纤毛形态发生（cilium morphogenesis）	4	1.02×10^{-2}
GO：0036064	纤毛基体（ciliary basal body）	5	1.27×10^{-2}
	神经系统相关		
GO：0005328	神经递质：钠协同转运蛋白活性（neurotransmitter：sodium symporter activity）	11	3.36×10^{-7}
GO：0007268	突触传递（synaptic transmission）	8	2.07×10^{-2}
GO：0030672	突触小泡膜（synaptic vesicle membrane）	3	2.44×10^{-2}
GO：0007528	神经肌肉接头发育（neuromuscular junction development）	4	8.79×10^{-3}
	生物矿化相关		
GO：0005509	钙离子结合（calcium ion binding）	46	1.01×10^{-10}
GO：0005516	钙调蛋白结合（calmodulin binding）	4	4.81×10^{-3}
GO：0005262	钙离子通道活性（calcium channel activity）	5	9.97×10^{-3}
GO：0007204	细胞质钙离子浓度的正调控（positive regulation of cytosolic calcium ion concentration）	3	2.80×10^{-2}

3. KEGG 富集分析

KEGG 是有关 Pathway 的主要公共数据库，利用 KEGG 数据库对差异表达基因进行 Pathway 富集分析，并用超几何分布检验的方法计算每个 Pathway 条目中差异基因富集的显著性。计算公式参考 GO 富集分析，$P<0.05$ 则认为差异显著，并结合 KEGG 注释结果，分析哪些分子通路在边缘膜和中央膜中表达发生变化。

首先，对边缘膜和中央膜间的所有差异表达基因进行 KEGG 富集分析，总共获得 54 条显著富集的代谢通路（详见表 4－7），图 4－8A 展示了排序前 20（根据 *P*）的富集通路。在所有的富集通路中，"melanogenesis（ko04916，黑色素合成）"通路是最显著富集的通路（根据 *P* 排序为第一），是控制黑色素合成的重要通路。对边缘膜和中央膜各自的上调表达基因 KEGG 富集分析显示，分别有 63 条和 36 条代谢通路富集（图 4－8B 和 C），且"melanogenesis"通路在两外套膜区域中均显著富集。在该通路中多个基因表达发生显著变化（图 4－9），其中 *Wnt*（CL2260Contig1、CL5293Contig1、CL33407Contig1、CL39128Contig1、CL15607Contig1、CL3041Contig1、CL58260Contig1）、*GNAS*［guanine nucleotide－binding protein G（s）subunit alpha，CL54338Contig1］、*GSK－3β*（glycogen synthase kinase－3 beta，CL33363Contig1）和 *MAPK*（mitogen－activated protein kinase，CL45618Contig1）在边缘膜中上调表达；*Tyr*（tyrosinase，CL14061Contig1）在中央膜中上调表达；*FZD*（Frizzled）和 *CAM*（calmodulin）基因的不同转录本在两外套膜区域发生不同方向的调控，如，*FZD* 基因的 CL34951Contig1 转录本在边缘膜中上调表达，而转录本 CL26136Contig1 和 CL3646Contig1 则在中央膜中上调表达，*CAM* 基因的 CL33708Contig1、CL56040Contig1、CL32987Contig1、CL34373Contig1、comp134620_c1_seq1_3、CL47922Contig1、CL12604Contig1、CL14037Contig1、CL62949Contig1、CL28607Contig1 和 comp127217_c0_seq1_2 转录本在边缘膜中上调表达，CL11292Contig1、CL26634Contig1、CL30465Contig1、CL36393Contig1 和 CL50141Contig1 则在中央膜中上调表达。此外，在富集通路中还发现其他一些与壳或壳色形成相关的通路（表 4－7，图 4－8），如酪氨酸代谢、钙信号通路、矿物质吸收、卟啉与叶绿素代谢等。

表 4－7　边缘膜和中央膜差异表达基因显著富集 KEGG 通路

登录号	KEGG 注释	基因数目	*P*	富集分值
ko04916	黑色素合成（melanogenesis）	32	5.49×10^{-9}	2.92
ko04740	嗅觉传导（olfactory transduction）	24	2.20×10^{-7}	2.98
ko04915	雌激素信号通路（estrogen signaling pathway）	31	3.57×10^{-7}	2.52

（续）

登录号	KEGG 注释	基因数目	*P*	富集分值
ko04744	光传导（phototransduction）	18	1.30×10^{-6}	3.24
ko03010	核糖体（ribosome）	51	2.09×10^{-6}	1.90
ko04261	心肌细胞肾上腺素能信号通路（adrenergic signaling in cardiomyocytes）	30	3.41×10^{-6}	2.32
ko04713	昼夜夹带（circadian entrainment）	29	3.42×10^{-6}	2.36
ko04020	钙信号通路（calcium signaling pathway）	37	6.30×10^{-6}	2.06
ko04971	胃酸分泌（gastric acid secretion）	21	1.81×10^{-5}	2.53
ko04970	唾液分泌（salivary secretion）	26	2.24×10^{-5}	2.26
ko04270	血管平滑肌收缩（vascular smooth muscle contraction）	30	2.68×10^{-5}	2.10
ko05214	神经胶质瘤（glioma）	19	3.49×10^{-5}	2.55
ko04720	长时程增强作用（long - term potentiation）	22	4.51×10^{-5}	2.34
ko04750	TRP 通道炎性介质调节（inflammatory mediator regulation of TRP channels）	24	2.28×10^{-4}	2.04
ko04070	磷脂酰肌醇信号系统（phosphatidylinositol signaling system）	21	2.42×10^{-4}	2.15
ko04922	胰高血糖素信号通路（glucagon signaling pathway）	25	2.88×10^{-4}	1.98
ko04925	醛固酮合成和分泌（aldosterone synthesis and secretion）	22	4.47×10^{-4}	2.02
ko04912	GnRH 信号通路（GnRH signaling pathway）	23	5.61×10^{-4}	1.96
ko04080	神经活性配体-受体相互作用（neuroactive ligand - receptor interaction）	30	9.84×10^{-4}	1.73
ko04340	Hedgehog 信号通路（Hedgehog signaling pathway）	10	1.15×10^{-3}	2.61
ko04022	cGMP - PKG 信号通路（cGMP - PKG signaling pathway）	30	1.53×10^{-3}	1.69
ko00190	氧化磷酸化（oxidative phosphorylation）	27	1.63×10^{-3}	1.73
ko04722	神经营养素信号通路（neurotrophin signaling pathway）	26	1.69×10^{-3}	1.75
ko04728	多巴胺能神经突触（dopaminergic synapse）	25	1.75×10^{-3}	1.76
ko04921	催产素信号通路（oxytocin signaling pathway）	34	1.85×10^{-3}	1.61
ko02020	二组分系统（two - component system）	7	2.62×10^{-3}	2.79
ko04910	胰岛素信号通路（insulin signaling pathway）	27	2.73×10^{-3}	1.67
ko05205	癌症蛋白聚糖（proteoglycans in cancer）	34	4.08×10^{-3}	1.54
ko05152	结核病（tuberculosis）	29	4.74×10^{-3}	1.58
ko04612	抗原加工与呈递（antigen processing and presentation）	10	6.19×10^{-3}	2.13

（续）

登录号	KEGG 注释	基因数目	P	富集分值
ko04962	加压素调节水的再吸收（vasopressin - regulated water reabsorption）	9	6.28×10^{-3}	2.21
ko04540	缝隙连接（gap junction）	14	6.62×10^{-3}	1.88
ko04550	干细胞多能性调节信号通路（signaling pathways regulating pluripotency of stem cells）	15	7.26×10^{-3}	1.82
ko04390	Hippo 信号通路（Hippo signaling pathway）	20	9.14×10^{-3}	1.65
ko05410	肥厚型心肌病（hypertrophic cardiomyopathy，HCM）	14	9.67×10^{-3}	1.81
ko00860	卟啉与叶绿素代谢（porphyrin and chlorophyll metabolism）	7	1.10×10^{-2}	2.23
ko04974	蛋白质的消化和吸收（protein digestion and absorption）	13	1.29×10^{-2}	1.78
ko04530	紧密连接（tight junction）	17	1.32×10^{-2}	1.66
ko01230	氨基酸的生物合成（biosynthesis of amino acids）	21	1.57×10^{-2}	1.55
ko04015	Rap1 信号通路（Rap1signaling pathway）	28	1.67×10^{-2}	1.45
ko04940	Ⅰ型糖尿病（type Ⅰ diabetes mellitus）	4	1.67×10^{-2}	2.55
ko05414	扩张型心肌病（dilated cardiomyopathy，DCM）	13	1.68×10^{-2}	1.73
ko04213	寿命调节通路-多物种（longevity regulating pathway - multiple species）	11	1.74×10^{-2}	1.80
ko04014	Ras 信号通路（Ras signaling pathway）	27	1.80×10^{-2}	1.45
ko05322	系统性红斑狼疮（systemic lupus erythematosus）	5	1.91×10^{-2}	2.28
ko00340	组氨酸代谢（histidine metabolism）	7	2.19×10^{-2}	1.99
ko00630	乙醛酸和二羧酸代谢（glyoxylate and dicarboxylate metabolism）	10	3.07×10^{-2}	1.70
ko00330	精氨酸和脯氨酸代谢（arginine and proline metabolism）	13	3.14×10^{-2}	1.60
ko00500	淀粉和蔗糖代谢（starch and sucrose metabolism）	9	3.45×10^{-2}	1.72
ko05416	病毒性心肌炎（viral myocarditis）	10	3.64×10^{-2}	1.66
ko05146	阿米巴病（amoebiasis）	8	3.86×10^{-2}	1.73
ko00710	光合生物中的碳固定（carbon fixation in photosynthetic organisms）	9	4.11×10^{-2}	1.67
ko00270	半胱氨酸和蛋氨酸代谢（cysteine and methionine metabolism）	11	4.38×10^{-2}	1.58
ko04978	矿物质吸收（mineral absorption）	6	4.76×10^{-2}	1.78

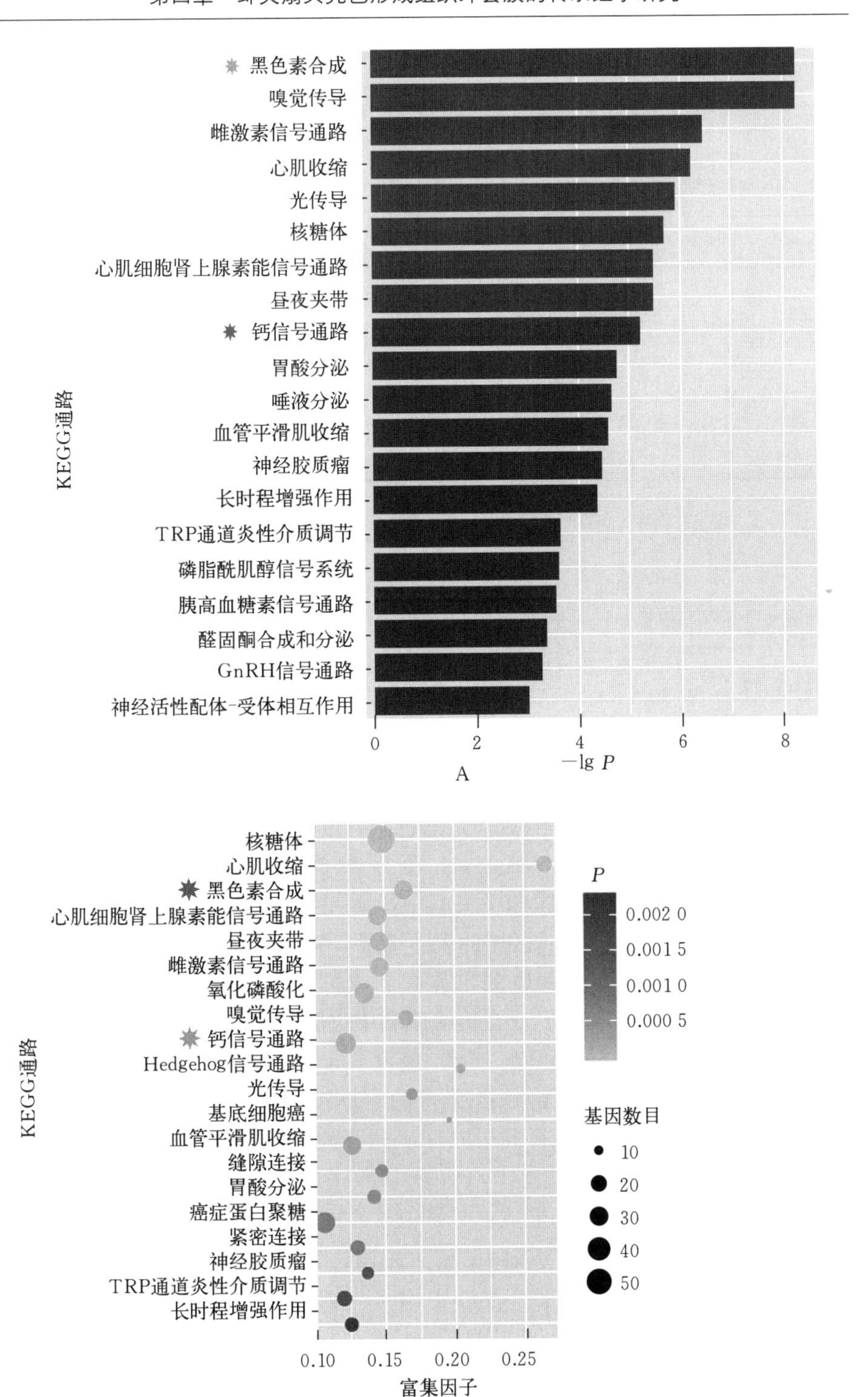
黑色素合成
嗅觉传导
雌激素信号通路
心肌收缩
光传导
核糖体
心肌细胞肾上腺素能信号通路
昼夜夹带
钙信号通路
胃酸分泌
唾液分泌
血管平滑肌收缩
神经胶质瘤
长时程增强作用
TRP通道炎性介质调节
磷脂酰肌醇信号系统
胰高血糖素信号通路
醛固酮合成和分泌
GnRH信号通路
神经活性配体-受体相互作用
KEGG通路
0
2
4
6
8
−lg P
A
核糖体
心肌收缩
黑色素合成
心肌细胞肾上腺素能信号通路
昼夜夹带
雌激素信号通路
氧化磷酸化
嗅觉传导
钙信号通路
Hedgehog信号通路
光传导
基底细胞癌
血管平滑肌收缩
缝隙连接
胃酸分泌
癌症蛋白聚糖
紧密连接
神经胶质瘤
TRP通道炎性介质调节
长时程增强作用
KEGG通路
0.10
0.15
0.20
0.25
富集因子
B
P
0.002 0
0.001 5
0.001 0
0.000 5
基因数目
10
20
30
40
50

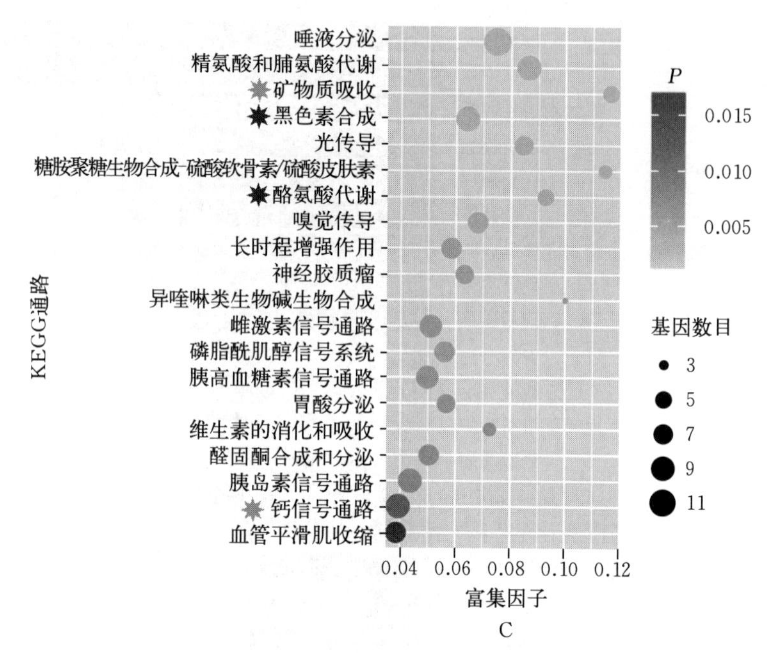

图 4-8　边缘膜和中央膜差异表达基因 KEGG 富集分析

A. 边缘膜和中央膜间的所有差异表达基因排序前 20 的显著富集通路　B. 边缘膜上调表达基因富集通路　C. 中央膜上调表达基因富集通路

4. *PyTyr* 基因的序列和表达特征

酪氨酸酶（tyrosinase，Tyr）是黑色素合成的关键酶，已在脊椎动物中得到广泛研究。在本研究 RNA-seq 测序数据中，我们发现一 *Tyr* 基因（CL14061Contig1）在边缘膜和中央膜中显著差异表达，将其命名为 *PyTyr*。为验证 *PyTyr* 在外套膜不同区域的表达情况，并探究其在壳色形成中的功能，我们借助虾夷扇贝的全基因序列，进行了 *PyTyr* 的序列特征分析，并利用 qRT-PCR 技术比较了 *PyTyr* 在边缘膜和中央膜中的表达情况。

PyTyr 的 DNA 全长为 6 667 bp，包含了 3 个外显子和 2 个内含子，平均长度分别为 647 bp 和 2 201 bp。*PyTyr* 的 cDNA 全长为 2 265 bp，包括 137 bp 的 5′UTR、187 bp 的 3′UTR 和 1 941 bp 的开放阅读框（open reading frame，ORF），共编码 646 个氨基酸。PyTyr 氨基酸序列中发现两个保守功能域，一个信号肽和一个酪氨酸酶功能域，分别位于 1—20 和 124—294 氨基酸残基处。图 4-10 A 显示了 *PyTyr* 的基因结构示意图。在酪氨酸酶功能域中检测到两个高度保守的铜位点结合域（copper-binding sites）——Cu（A）结合位点［Cu（A）-binding site］和 Cu（B）结合位点［Cu（B）-binding site］，分别以 H_1（n）-H_2（8）-H_3 和 H_1（3）-H_2（n）-H_3 基序为特征，包含了 6 个高度保守的组氨酸（图 4-10B）。多序列比对显示，虾夷扇贝与其他贝类间 Tyr 序列

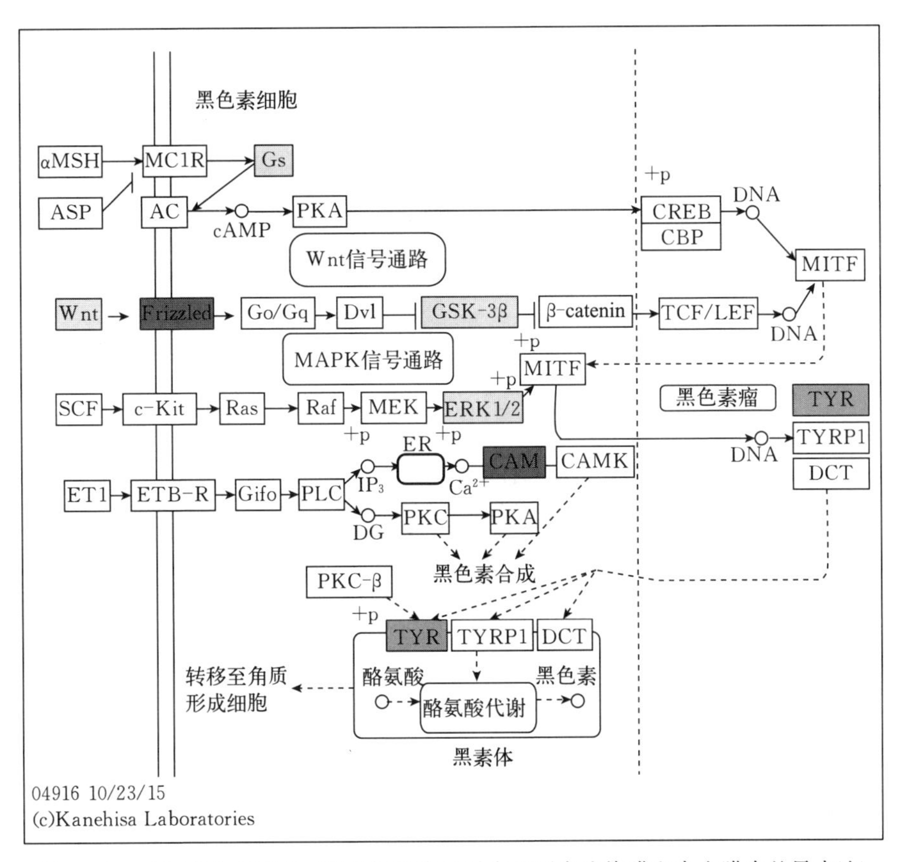

图 4－9　黑色素合成通路（颜色标注表示对应基因在边缘膜和中央膜中差异表达）

一致性为 16.9%（虾夷扇贝和文蛤）到 26.4%（虾夷扇贝和栉孔扇贝），软体动物间 Tyr 的序列保守性（16.9%～59.4%）要明显低于脊椎动物间的保守性（60.5%～86.2%），这与 Tyr 系统进化分析的结果相一致。在 Tyr 的系统进化树中，软体动物聚为一大枝，脊椎动物聚为一大枝（图 4－10C）。利用 qRT－PCR 技术检测 *PyTyr* 在外套膜不同区域中的表达水平，显示 *PyTyr* 在中央膜中的表达量要极显著高于边缘膜（$P<0.01$），与 RNA－seq 结果相一致（如 4－10D）。

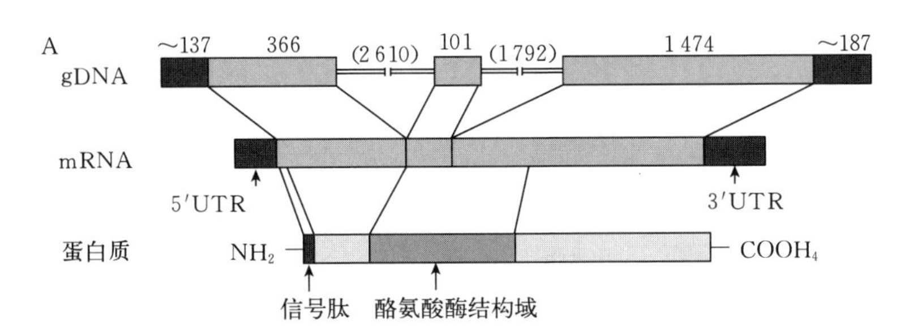

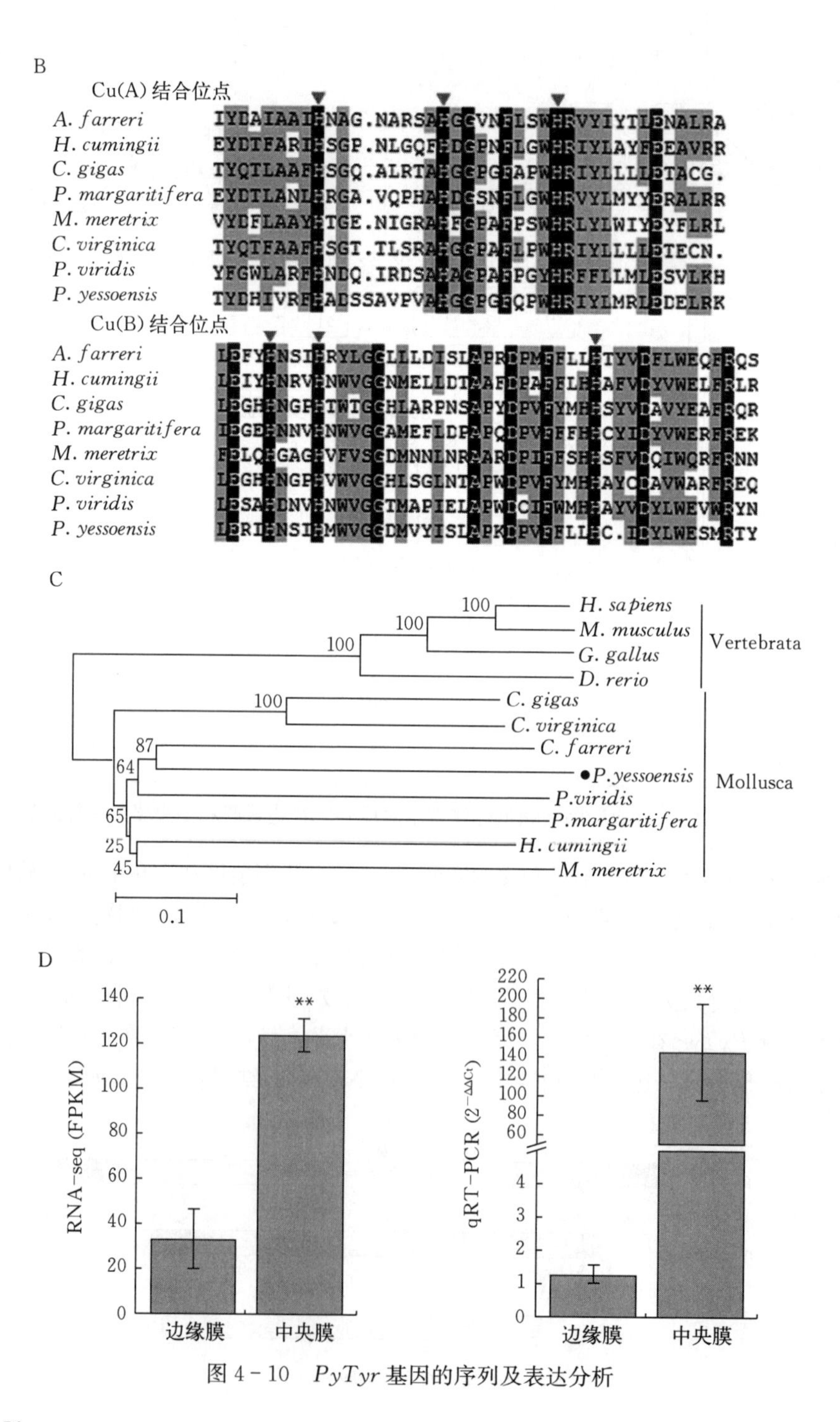

图 4-10 *PyTyr* 基因的序列及表达分析

通过以上对边缘膜和中央膜转录组的基因差异表达分析可以看出，与生物矿化相关的GO功能和KEGG代谢通路在边缘膜和中央膜中均显著富集，尤其是在边缘膜中。这些功能主要涉及两个方面，一是与钙相关，二是与贝壳有机质相关。钙是贝壳的重要组成成分，钙离子在调控贝壳形成中发挥重要作用（Liu等，2007；Huang等2007；Kinoshita等，2011；Sun等，2015）。本研究中，钙离子结合通路和钙信号通路在外套膜两个区域中均显著富集，表明其在整个贝壳形成中发挥基础功能。在边缘膜中，主要是与钙离子转运相关的通路富集，如钙离子转运、钙离子转运的正调控；而在中央膜中，主要是与钙离子吸收和储存相关的通路富集，如钙通道活性、细胞质钙离子浓度的正调控、矿物质吸收（mineral absorption）和钙调蛋白结合等。边缘膜和中央膜在钙离子相关活动上的差异很可能暗示两外套膜区域在壳形成中发挥不同的分子功能。尽管贝壳有机质在贝壳中的含量很低（约5%），但其在贝壳形成中却发挥重要的作用，能够控制碳酸钙晶体的成核、生长和空间定位，并使得贝壳具有不同寻常的特性（Wheeler和Sikes，1984；Belcher等，1996；Naka和Chujo，2001；Blank等，2003；Fu等，2005；Addadi等，2006）。不同壳层的不同晶体结构由外套膜不同区域分泌的蛋白质控制，其中外层的有机角质层和方解石棱柱层由边缘膜负责形成，内侧的文石珍珠层则由中央膜负责形成（Zhang和Zhang，2006）。在本研究中，与贝壳有机质和生物矿化相关的GO功能在边缘膜中显著富集，且一些编码贝壳基质蛋白的基因，如*cartilage matrix protein*、*collagen*、*perlucin*、*pif*、*fibrinogen*、*glycoprotein*等，在边缘膜中显著高表达，表明贝壳的合成在边缘膜中更活跃，这与Lydie等（2001）和Kinoshita等（2011）的研究结论相一致。而这些基因很可能参与了虾夷扇贝贝壳棱柱层或角质层的形成。与本研究不同的是，*perlucin*和*pif*被认为是珍珠层形成特异的基因，只在中央膜中表达（Weiss等，2000；Kröger，2009）。可能的原因是由于基因分化这些基因在不同贝类物种的功能发生变化或具有不同的表达调控机制，或者这些基因可能同时参与不同壳层的形成。其实，类似的情况在其他研究中也有过报道，比如，一些被认为是棱柱层形成的基因，*MSI31*（Sudo等，1997）、*aspein*（Tsukamoto等，2004）和*prismalin-14*（Suzuki等，2004），在Kinoshita等（2011）的研究中发现，在边缘膜和中央膜具有相似的表达水平。此外，基因复制常常会导致旁系同源基因的差异表达（Force等，1999）。如在马氏珠母贝中发现了*N16*（另一珍珠层形成基因）的不同亚型，其中*N16.6*在边缘膜中特异表达，*N16.7*在中央膜中特异表达（Kinoshita，2011）。因此，不同研究间的差异也可能是由于分别对同一基因不同亚型进行了研究，还需从全基因组层面分别进行鉴定和开展功能研究。

贝类的壳色主要是由贝壳中分布的生物色素所致（Hedegaard 等，2006；Williams，2017；Sun 等，2017；Zhao 等，2017）。黑色素是自然界最常见的色素之一，已在包括虾夷扇贝在内的多种贝类中检测到（Sun 等，2017）。黑色素的合成机制在脊椎动物中研究得较为深入，但在贝类中还不是很清晰。在本研究中，黑色素形成通路在边缘膜和中央膜差异表达基因中最为显著富集，表明其在壳色形成中很可能发挥重要作用。其中来自 cAMP、Wnt 和 ERK 信号通路的多个黑色素合成上游调控基因在边缘膜中显著高表达，黑色素合成通路的关键及限速基因 *Tyr* 则在中央膜中显著上调表达，且 RNA - seq 结果和 qRT - PCR 完全一致。在本书第七章对黑色素关键调控基因 *MITF* 的表达分析中发现，中央膜的表达量也要显著高于边缘膜，与 *Tyr* 的趋势相一致。此外，酪氨酸代谢通路在中央膜中也显著富集，以为黑色素的合成过程提供原始材料。因此，根据以上研究结果我们可以推测外套膜的不同区域很可能在壳色形成过程中发挥不同的功能，黑色素的合成过程很可能在中央膜中发生，并受到边缘膜表达产物的调控，但还需进一步的研究验证。

三、虾夷扇贝外套膜不同区域的转录组学研究

Ding 等（2015）分别对不同壳色的虾夷扇贝外套膜组织进行了转录组测序，通过对不同壳色个体间的差异表达基因筛查和功能分析发现，褐色和白色个体间共有 2 338 个差异表达基因，其中 1 097 个在褐色个体中上调表达，1 241个在白色个体中下调表达。在这些差异表达基因中共有 920 个基因获得注释信息，对这些基因的 GO 和 KEGG 富集分析发现，甜菜红色素生物合成（betalain biosynthesis，ko00965）、酪氨酸代谢（tyrosine metabolism，ko00350）及卟啉和叶绿素代谢（porphyrin and chlorophyll metabolism，ko00860）等与壳色形成相关代谢通路显著富集。其中，酪氨酸酶相似蛋白（tyrosinase - like protein）同时参与甜菜红色素的生物合成和酪氨酸代谢过程，该基因在褐色虾夷扇贝外套膜中表达量要显著高于白色个体，因此认为其可以作为壳色形成研究的重要候选基因。酪氨酸代谢与黑色素的合成密切相关，而酪氨酸酶则是黑色素合成的关键酶。此外，卟啉可以和不同的微量金属元素结合而使贝壳、珍珠等产生不同的颜色（Skillman 等，1992；Duan 等，2005）。为探明虾夷扇贝中微量金属元素对壳色形成的影响，Ding 等又对不同壳色虾夷扇贝贝壳微量元素组成进行了比较，结果发现褐色贝壳中 Fe 和 Zn 的含量要明显高于白色贝壳，分别为白色贝壳的 3.04 倍和 2.41 倍，认为其很可能与卟啉结合进而导致褐色贝壳的产生。

由以上虾夷扇贝外套膜组织的转录组学研究可以发现，外套膜不同区域在壳色形成中很可能发挥不同的分子功能，黑色素及卟啉色素的合成代谢通路很可能是虾夷扇贝褐色贝壳产生的关键通路，同时也提示我们虾夷扇贝壳色的产生可能由多种色素导致且受到微量元素组成的影响。

第五章　不同壳色虾夷扇贝的蛋白质组学研究

一、蛋白质组学技术

蛋白质组（proteome）一词，源于蛋白质（protein）与基因组（genome）两个词，是指一种基因组，包括一个细胞乃至一种生物所表达的全部蛋白质。蛋白质组学（proteomics）是以蛋白质组为研究对象，通过分析细胞内动态变化的蛋白质组成、表达水平与修饰状态，了解蛋白质间的相互作用与联系，从而在整体水平上研究蛋白质的组成与调控的活动规律（王志新等，2014）。目前，对蛋白质组进行分析的技术主要包括四个方面，分别是蛋白质的定性分析、定量分析，以及修饰蛋白质组学和靶向蛋白质组学。其中，以 LC－MS/MS 为代表的定性分析，可以帮助我们确定样本中都包含哪些蛋白质及其序列信息；定量分析主要包括 DIA 定量蛋白组学技术和 TMT/iTRAQ 标记定量蛋白组学技术，可以进行蛋白质组的定量及比较不同样本间蛋白质表达丰度的高度；修饰蛋白质组学主要分析蛋白质在翻译后修饰水平发生了哪些变化，如磷酸化、乙酰化、泛素化、糖基化等；靶向蛋白质组学主要进行蛋白质组数据的验证，如 PRM 技术和 Western Blot 技术（WB 技术）等。表 5－1 和 5－2 总结了各种技术的特点。

表 5－1　蛋白质组学各技术特点

技术	优点	缺点
TMT/iTRAQ	最多可标记 8 种（iTRAQ）和 10 种（TMT）不同样品，不同样品同时分离鉴定，定量准确	大规模样品分析较麻烦；通量受限制
DIA	重复性好，定量准确，鉴定蛋白数目多，样品数量无限制，适合大规模样品分析	每个新研究的材料都需要独立建库
PRM（L－WB）	简单易行，可同时检测到 20～40 个蛋白，精准定量且无需抗体，可媲美 WB 技术	每个新研究的材料都需要独立建库
LC－MS/MS（定性）	操作方便，快速简单	无定量信息，主要用于定性分析

表 5－2　PRM 技术与 WB 技术的比较

技术特征	PRM 技术	WB 技术
抗体依赖	无需抗体，可直接对样品中目标蛋白进行分析	抗体依赖性，如无成品抗体则需定制
特异性	基于数据库检索，特异性极高	受抗体特异性影响，对抗体要求高
灵敏度	可检测低至 amol 级（10^{-18}）的蛋白信号	受抗体、显色、转膜等多个因素影响，理论可达 pg 级
可靠性	可同时分析蛋白的数个特异肽段，结果稳定可靠	单抗只针对一个抗原表位进行检测，有一定风险
重复性	标准化仪器操作，重复性好	人工操作，影响因素多
通量	通量高，可一次分析数十个目标蛋白	一个抗体一次实验只能识别一个蛋白
周期/风险	周期明确，风险可控	与抗体关系巨大

iTRAQ 和 TMT 是目前蛋白组学领域运用最广泛的两种同位素标记定量技术，原理是采用多种同位素标签与多组样本的肽段 N 末端基团结合，然后进行串联质谱分析，通过报告离子的峰面积计算同一肽段在不同样品间的比值，从而实现不同样品间蛋白质组的定量比较（牟永莹，2017；谢秀枝，2011）。以 TMT 为例，TMT（tandem mass tags）是由 Thermo 公司开发的一种体外标记技术，广泛用于差异表达蛋白质分析研究中。该技术采用 6 种或 10 种同位素标签，与肽段的氨基发生共价结合反应，可实现同时对 6 个/10 个不同样品中蛋白质的定性和定量分析。如图 5－1 所示，TMT 试剂在结构上包括 3 个化学基团，分别是报告基团、平衡基团和反应基团。反应基团特异性地与肽段的氨基发生共价结合反应，将 TMT 试剂连接到肽段上。在一级图谱中，不同样品来源于同一个蛋白质的同一个肽段由于被连接上总质量相同的完整 TMT 试剂而表现为一个峰。但在碰撞室内，平衡基团会发生中性丢失，而报告基团则会产生相应的报告离子（二标为 126 和 127 Da，六标为 126、127、128、129、130 和 131 Da，十标为 126、127 N、127C、128 N、128C、129 N、129C、130 N、130C 和 131 Da）。这些报告离子的强度就代表了相应样品蛋白质/肽段的强度，实现了对 6 个/10 个不同样品的同时定量。TMT 技术的优点：①通量高，可一次实现最多 10 个样品的分离分析；②重复性好且定量准确，所有样品的分离鉴定条件完全一致，保证了实验重复性，同时增强定量的准确性；③分辨率高，可与最高分辨率的 LC－MSMS 技术结合，实现对低丰度蛋白的定性定量；④数据丰富，可以获得检测到的所有蛋白的定性和定量信息；⑤自动化程度高，以高分辨率液质联用为基础，自动化操作，分析速度快。

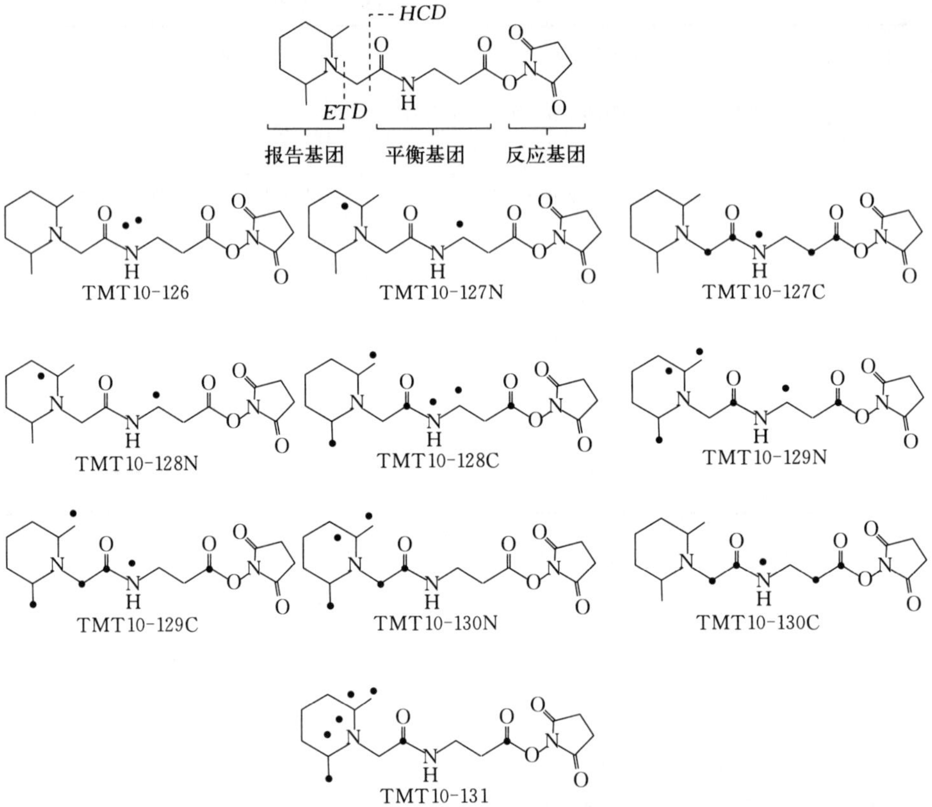

HCD
ETD
报告基团 平衡基团 反应基团

TMT10-126 TMT10-127N TMT10-127C
TMT10-128N TMT10-128C TMT10-129N
TMT10-129C TMT10-130N TMT10-130C
TMT10-131

图 5-1 TMT 试剂结构示意图

目前，蛋白质组学技术在贝类中具有广泛的应用，涉及生长发育、免疫、生物矿化及壳色形成（详见第一章）（张晗等，2013；王志新等，2014）。本研究利用 TMT 标记定量技术进行了不同壳色虾夷扇贝（褐色和白色）外套膜的蛋白质组的测定及比较分析，以期从蛋白质组层面解析虾夷扇贝壳色形成的分子机制。

二、不同壳色虾夷扇贝外套膜蛋白质组学分析

（一）不同壳色虾夷扇贝外套膜的蛋白质组测定

从大连獐子岛海域收集 2 龄褐色和白色虾夷扇贝，在实验室中以最适条件培养 1 周后进行解剖获取外套膜组织，液氮冷冻，－80 ℃保存。随机选取两种壳色个体各 3 只进行 TMT 标记定量蛋白质组学分析，实验基本流程为：提取样品中总蛋白，取出一部分做蛋白浓度测定及 SDS-PAGE 检测，另取部分

进行胰蛋白酶酶解及标记，然后取等量的各标记样品混合后进行色谱分离，最后对样品进行 LC－MS/MS 分析及数据分析（图 5－2）。

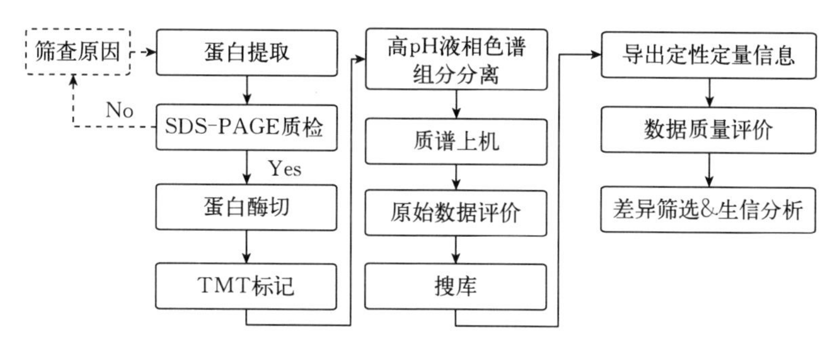

图 5－2　TMT 标记定量蛋白质组学实验流程图

接下来对获得的数据进行生物信息分析，其基本流程为：搜库定性定量的数据，通过质量评估及预处理后，分别进行表达水平分析和功能分析。利用常见的多个数据库对可信蛋白进行功能注释分析。对筛选得到的差异蛋白进行 GO 富集分析、Pathway 富集分析及互作分析等，如图 5－3 所示。

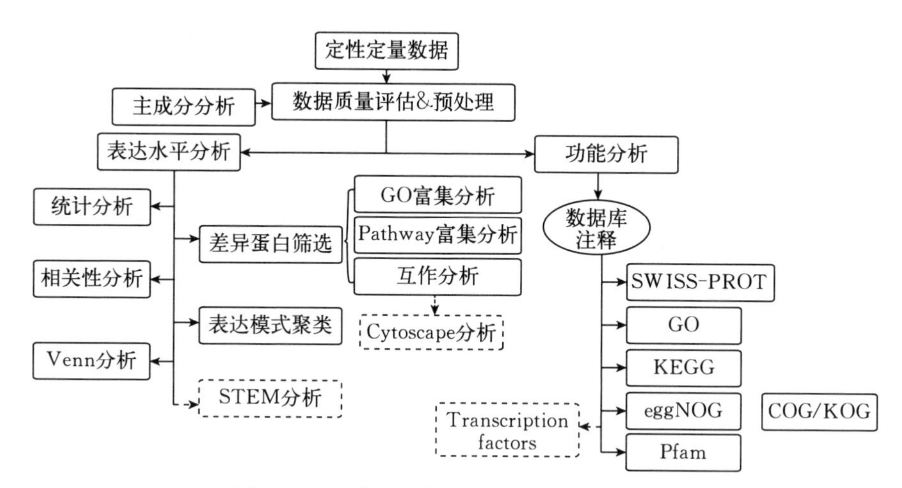

图 5－3　蛋白质组数据生物信息分析流程图

在两种壳色虾夷扇贝的外套膜中，总共获得二级图谱 433 319 个，其中有效图谱 64 317 个，共包含 33 882 个肽段，5 177 个可信蛋白质，如表 5－3 所示。所鉴定蛋白质的分子质量分布如图 5－4A 所示，每个蛋白对应的肽段数如图 5－4B 所示。在定性过程中，搜库软件会将每条肽段与背景数据库相比，得到肽段相对于完整蛋白序列的覆盖度指标，根据覆盖度区间进行统计，结果如图 5－5 所示。

表 5-3　两种壳色虾夷扇贝外套膜蛋白质鉴定结果统计

组织	鉴定蛋白数	肽段数	二级谱图总数	有效谱图数	FDR 值
外套膜	5 177	33 882	433 319	64 317	<0.01

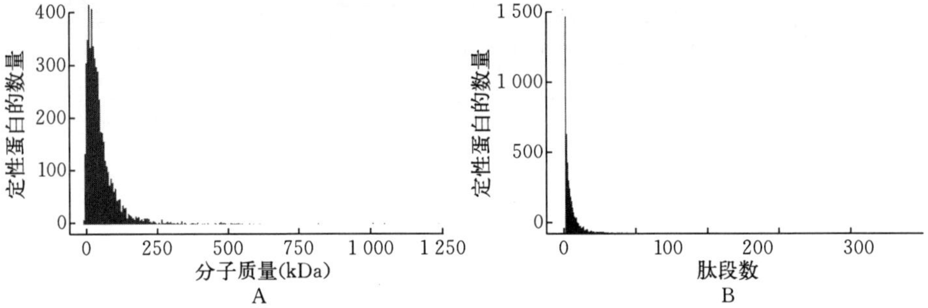

图 5-4　两种壳色虾夷扇贝外套膜蛋白质分子质量及肽段数的分布

A. 蛋白质分子量大小分布　B. 蛋白对应肽段数分布

利用两种壳色个体中蛋白质的表达量进行主成分分析（PCA 分析），从不同维度展现样本间的关系，可以发现同壳色样品在空间分布上较集中，不同壳色个体分别分布在不同区域，如图 5-6 所示，在一定程度上体现了两种壳色个体蛋白质表达量的差异。

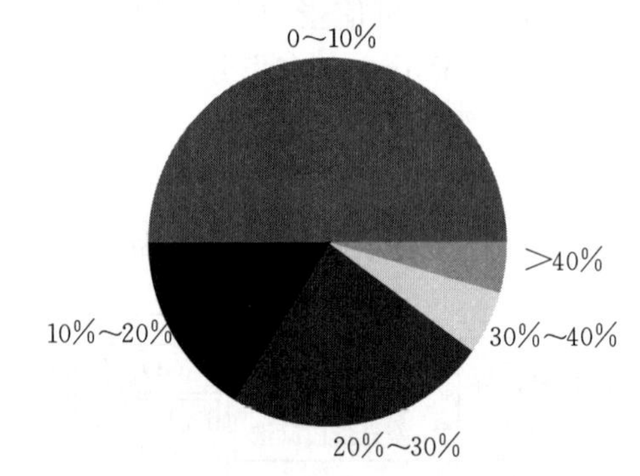

图 5-5　肽段序列覆盖度分布

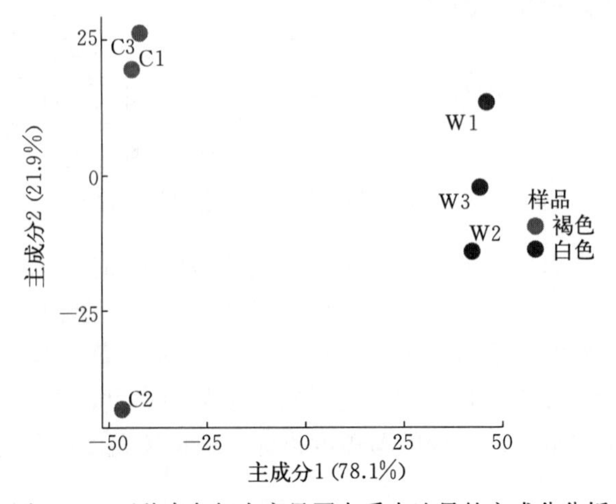

图 5-6　两种壳色虾夷扇贝蛋白质表达量的主成分分析

（二）不同壳色虾夷扇贝外套膜的差异蛋白表达分析

1. 差异表达蛋白的筛选

利用数据库检索得到原始数据后，按照 Score Sequest HT>0 且 unique peptide≥1 的标准筛选可信蛋白。在可信蛋白基础上，进行差异表达蛋白的筛选，其中 Foldchange 用来评估某一蛋白在样品间的表达水平变化倍数；经 t 检验计算的 P 展现样品间差异的显著程度。差异筛选条件为 Foldchange≥1.2 倍且 $P<0.05$。通过筛选，在两种壳色虾夷扇贝外套膜中共检测到 343 个差异表达蛋白，其中 156 个在褐色个体中上调表达（即在白色个体中下调表达），187 个在白色个体上调表达（即在褐色个体中下调表达）。两种壳色虾夷扇贝外套膜差异表达蛋白情况如图 5-7 所示。

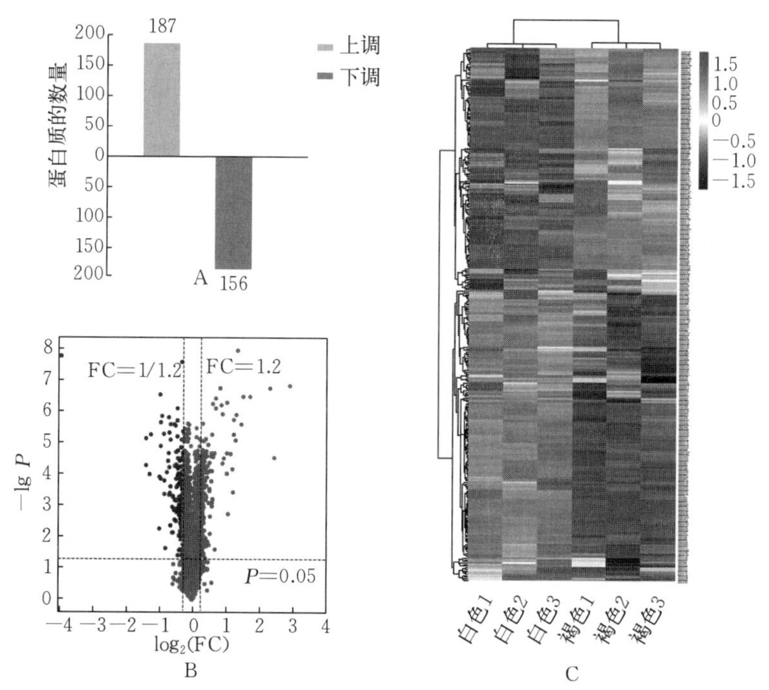

图 5-7　两种壳色虾夷扇贝差异表达蛋白筛查

A. 差异表达蛋白柱状图　B. 差异表达蛋白火山图　C. 差异蛋白表达水平聚类分析

2. 差异蛋白功能富集分析

得到差异表达蛋白之后，对差异蛋白进行 GO 和 KEGG 富集分析，以对其功能进行描述，方法参考第四章。在所有差异表达蛋白中，通过 GO 富集分析共获得 202 个显著富集的 GO 条目（$P\leqslant0.05$，ListHits≥2；图 5-8，表 5-4），而 KEGG 富集分析共获得 41 条显著富集的代谢通路（$P\leqslant0.05$，ListHits≥2；

图 5－9，表 5－5），涉及多方面的功能。在显著富集的 GO 功能中，属于生物学过程（biological process）的 GO 条目有 119 个，细胞组分（cellular component）23 个，分子功能（molecular function）60 个（图 5－8、图 5－10，表 5－4）。值得注意的是，在显著富集的 GO 条目中包含了与黑色素合成相关的功能，如黑色素生物合成过程（melanin biosynthetic process，GO：0042438），而在 KEGG 富集分析中，黑色素合成通路（melanogenesis，ko04916）同样显著富集（图 5－9）。此外，参与黑色素合成调控的 *Wnt* 基因相关 GO 功能，如 Wnt 蛋白结合、Wnt 激活受体活性、Wnt 信号通路的负调控、经典 Wnt 信号通路的负调控等（表 5－4），以及 cAMP 信号通路（表 5－5）均显著富集，表明了黑色素合成在虾夷扇贝壳色形成中发挥重要作用。研究表明，钙离子在壳色形成过程中发挥重要的调控作用（Liu 等，2007；Huang 等，2007；Kinoshita 等，2011；Sun 等，2015），本研究中与钙离子相关的 GO 功能及代谢通路也均显著富集，如钙离子结合和钙信号通路（表 5－4、表 5－5），同样说明了钙离子在虾夷扇贝壳色形成中的重要功能。此外，在 GO 富集分析中，还发现其他显著富集的金属离子结合相关分子功能，如锌离子结合、铜离子结合等（表 5－4）；研究表明金属离子种类及含量对贝类壳色的形成具有重要影响，不同蛋白或色素与不同的金属离子结合会产生不同的颜色，如卟啉色素可与铁离子、锌离子、镁离子、锰离子、铜离子等结合而产生不同的颜色；而本研究中相关功能的显著富集很可能表明金属离子在虾夷扇贝壳色形成中同样发挥重

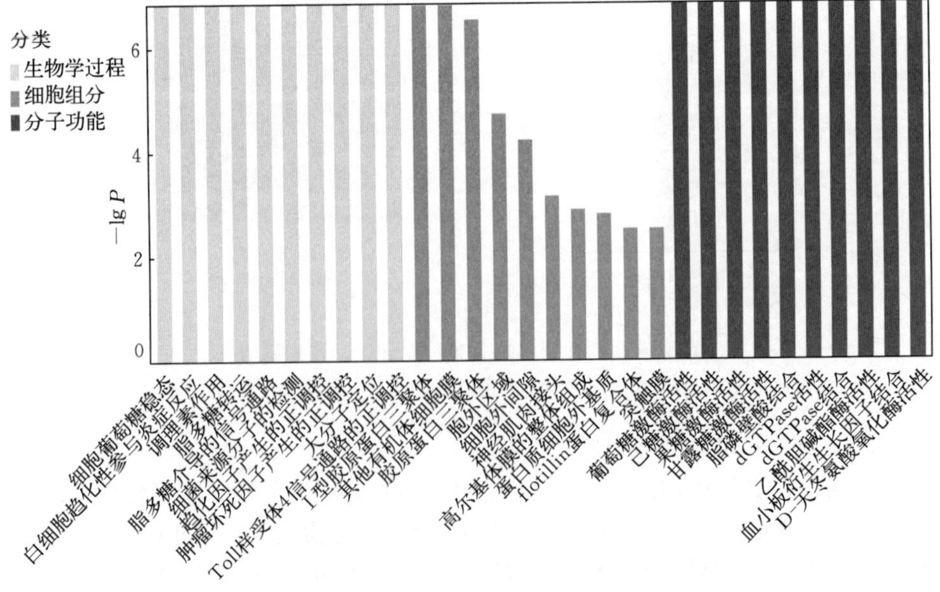

图 5－8　两种壳色虾夷扇贝差异表达蛋白显著富集结果（前 30）

要的作用。另外，在显著富集的GO功能中还发现大量与神经系统相关的功能（表5-4），如乙酰胆碱酯酶活性、神经肌肉接头、突触组织、神经递质分泌等，而在KEGG富集分析中，神经相关通路（表5-5，图5-11），如多巴胺能神经突触、神经营养素信号通路等显著富集，表明了虾夷扇贝壳色形成过程很可能受到神经系统的调控。除此之外，在两种壳色差异表达蛋白中，还发现大量与免疫相关GO功能的显著富集（表5-4），如免疫系统过程、先天免疫反应的调节、对病毒的应答、炎症反应等，而与免疫相关的代谢通路（表5-5，图5-11），如TRP通道炎性介质调节（ko04750）、植物-病原相互作用也显著富集，很可能暗示了两种壳色虾夷扇贝在先天免疫能力上的差异，说明了以壳色为目标性状进行抗病性状选育的可行性。

表5-4　两种壳色虾夷扇贝差异蛋白GO富集结果（部分）

登录号	GO注释	类型	基因数目	P
	壳色形成相关			
GO：0042438	黑色素生物合成过程（melanin biosynthetic process）	生物学过程	2	6.08×10^{-3}
GO：0017147	Wnt蛋白结合（Wnt-protein binding）	分子功能	3	2.38×10^{-3}
GO：0042813	Wnt激活受体活性（Wnt-activated receptor activity）	分子功能	3	5.56×10^{-3}
GO：0090090	经典Wnt信号通路的负调控（negative regulation of canonical Wnt signaling pathway）	生物学过程	3	5.56×10^{-3}
GO：0030178	Wnt信号通路的负调控（negative regulation of Wnt signaling pathway）	生物学过程	2	6.08×10^{-3}
GO：0005509	钙离子结合（calcium ion binding）	分子功能	21	6.90×10^{-3}
GO：0008270	锌离子结合（zinc ion binding）	分子功能	18	9.75×10^{-3}
GO：0005507	铜离子结合 copper ion binding	分子功能	3	3.48×10^{-2}
	神经系统相关			
GO：0003990	乙酰胆碱酯酶活性（acetylcholinesterase activity）	分子功能	2	0.00
GO：0031594	神经肌肉接头（neuromuscular junction）	细胞组分	5	7.80×10^{-4}
GO：1901631	突触前膜组织的正调控（positive regulation of presynaptic membrane organization）	生物学过程	2	1.35×10^{-3}
GO：0050771	轴突新生的负调控（negative regulation of axonogenesis）	生物学过程	2	3.21×10^{-3}
GO：0097060	突触膜（synaptic membrane）	细胞组分	2	3.21×10^{-3}

（续）

登录号	GO 注释	类型	基因数目	P
GO：0051124	神经肌肉接头处的突触生长（synaptic growth at neuromuscular junction）	生物学过程	2	6.08×10^{-3}
GO：0097104	突触后膜组装（postsynaptic membrane assembly）	生物学过程	2	6.08×10^{-3}
GO：0097105	突触前膜组装 presynaptic membrane assembly	生物学过程	2	6.08×10^{-3}
GO：0010976	神经元投射发育的正调控（positive regulation of neuron projection development）	生物学过程	3	1.08×10^{-2}
GO：0030672	突触小泡膜（synaptic vesicle membrane）	细胞组分	3	1.08×10^{-2}
GO：0043525	神经元凋亡过程的正调控（positive regulation of neuron apoptotic process）	生物学过程	2	2.17×10^{-2}
GO：0050808	突触组织（synapse organization）	生物学过程	2	3.84×10^{-2}
GO：0007269	神经递质分泌（neurotransmitter secretion）	生物学过程	2	3.84×10^{-2}
GO：0048813	树突形态发生（dendrite morphogenesis）	生物学过程	3	4.92×10^{-2}
	免疫相关			
GO：0002232	白细胞趋化性参与炎症反应（leukocyte chemotaxis involved in inflammatory response）	生物学过程	2	0.00
GO：0008228	调理素作用（opsonization）	生物学过程	2	0.00
GO：0032490	细菌来源分子的检测（detection of molecule of bacterial origin）	生物学过程	2	0.00
GO：0032760	肿瘤坏死因子产生的正调控（positive regulation of tumor necrosis factor production）	生物学过程	2	0.00
GO：0034145	Toll 样受体 4 信号通路的正调控（positive regulation of toll-like receptor 4 signaling pathway）	生物学过程	2	0.00
GO：0060265	炎症反应中呼吸爆发的正调控（positive regulation of respiratory burst involved in inflammatory response）	生物学过程	2	0.00
GO：0042535	肿瘤坏死因子生物合成过程的正调控（positive regulation of tumor necrosis factor biosynthetic process）	生物学过程	3	2.52×10^{-5}
GO：0044130	寄主共生体生长的负调控（negative regulation of growth of symbiont in host）	生物学过程	3	2.52×10^{-5}

（续）

登录号	GO注释	类型	基因数目	*P*
GO：0002376	免疫系统过程（immune system process）	生物学过程	3	3.37×10^{-4}
GO：0002281	巨噬细胞活化参与免疫反应（macrophage activation involved in immune response）	生物学过程	2	3.57×10^{-4}
GO：0045088	先天免疫反应的调节（regulation of innate immune response）	生物学过程	2	3.57×10^{-4}
GO：0032757	白细胞介素-8产生的正调控（positive regulation of interleukin-8 production）	生物学过程	2	1.35×10^{-3}
GO：0032720	肿瘤坏死因子产生的负调控（negative regulation of tumor necrosis factor production）	生物学过程	2	3.21×10^{-3}
GO：0032755	白细胞介素-6产生的正调控 positive regulation of interleukin-6 production	生物学过程	2	3.21×10^{-3}
GO：0043032	巨噬细胞活化的正调控（positive regulation of macrophage activation）	生物学过程	2	3.21×10^{-3}
GO：0090023	中性粒细胞趋化性的正调控（positive regulation of neutrophil chemotaxis）	生物学过程	2	3.21×10^{-3}
GO：0050830	革兰氏阳性菌的防御反应（defense response to Gram-positive bacterium）	生物学过程	2	6.08×10^{-3}
GO：0050727	炎症反应的调控（regulation of inflammatory response）	生物学过程	2	6.08×10^{-3}
GO：0032727	α干扰素产生的正调控（positive regulation of interferon-alpha production）	生物学过程	2	1.01×10^{-2}
GO：0045087	先天免疫应答（innate immune response）	生物学过程	8	1.43×10^{-2}
GO：0050829	革兰氏阴性菌的防御反应 defense response to Gram-negative bacterium	生物学过程	2	1.53×10^{-2}
GO：1904469	肿瘤坏死因子分泌的正调控（positive regulation of tumor necrosis factor secretion）	生物学过程	2	1.53×10^{-2}
GO：0006954	炎症反应（inflammatory response）	生物学过程	4	2.44×10^{-2}
GO：0051607	对病毒的防御反应（defense response to virus）	生物学过程	4	2.88×10^{-2}
GO：0009615	对病毒的应答（response to virus）	生物学过程	2	3.84×10^{-2}

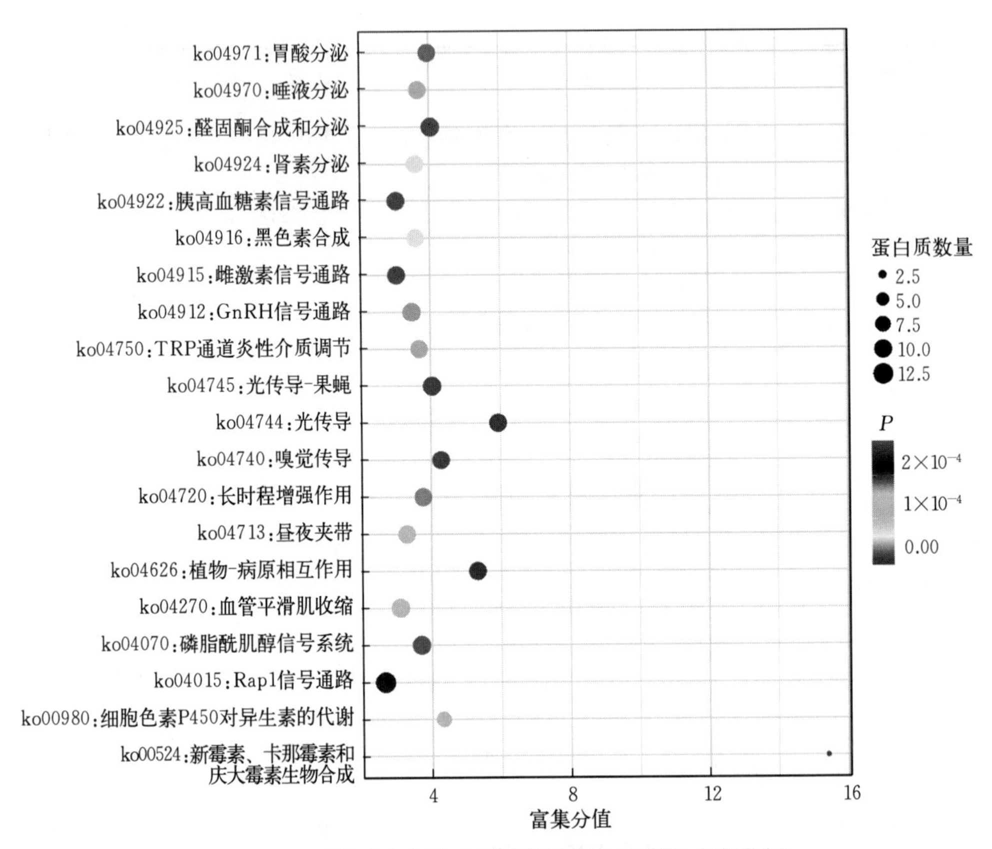

图 5-9 两种壳色虾夷扇贝总差异蛋白 KEGG 富集分析

表 5-5 两种壳色虾夷扇贝差异蛋白 KEGG 富集结果

登录号	KEGG 注释	蛋白数目	P
ko04744	光传导（phototransduction）	10	2.17×10^{-10}
ko04626	植物-病原相互作用（plant - pathogen interaction）	10	8.95×10^{-10}
ko04745	光传导-果蝇（phototransduction - fly）	11	6.08×10^{-9}
ko04740	嗅觉传导（olfactory transduction）	10	1.28×10^{-8}
ko04070	磷脂酰肌醇信号系统（phosphatidylinositol signaling system）	11	1.92×10^{-8}
ko04971	胃酸分泌（gastric acid secretion）	10	3.30×10^{-8}
ko04720	长时程增强作用（long - term potentiation）	10	5.89×10^{-8}
ko04750	TRP 通道炎性介质调节（inflammatory mediator regulation of TRP channels）	10	7.77×10^{-8}
ko04925	醛固酮合成和分泌（aldosterone synthesis and secretion）	10	7.77×10^{-8}
ko04970	唾液分泌（salivary secretion）	10	7.77×10^{-8}

（续）

登录号	KEGG 注释	蛋白数目	P
ko04916	黑色素合成（melanogenesis）	10	1.02×10^{-7}
ko04924	肾素分泌（renin secretion）	10	1.02×10^{-7}
ko04270	血管平滑肌收缩（vascular smooth muscle contraction）	11	1.69×10^{-7}
ko04713	昼夜夹带（circadian entrainment）	10	2.75×10^{-7}
ko04921	催产素信号通路（oxytocin signaling pathway）	12	3.66×10^{-7}
ko04912	GnRH 信号通路（GnRH signaling pathway）	10	4.36×10^{-7}
ko04915	雌激素信号通路（estrogen signaling pathway）	10	6.75×10^{-7}
ko04922	胰高血糖素信号通路（glucagon signaling pathway）	10	6.75×10^{-7}
ko04015	Rap1 信号通路（Rap1 signaling pathway）	12	1.00×10^{-6}
ko04114	卵母细胞减数分裂（oocyte meiosis）	10	1.02×10^{-6}
ko04261	心肌细胞肾上腺素能信号通路（adrenergic signaling in cardiomyocytes）	10	1.25×10^{-6}
ko04020	钙信号通路（calcium signaling pathway）	10	1.52×10^{-6}
ko04728	多巴胺能神经突触（dopaminergic synapse）	10	1.52×10^{-6}
ko04024	cAMP 信号通路（cAMP signaling pathway）	10	2.22×10^{-6}
ko04722	神经营养素信号通路（neurotrophin signaling pathway）	10	3.18×10^{-6}
ko04014	Ras 信号通路（Ras signaling pathway）	11	3.20×10^{-6}
ko04022	cGMP - PKG 信号通路（cGMP - PKG signaling pathway）	10	8.63×10^{-6}
ko04910	胰岛素信号通路（insulin signaling pathway）	10	1.82×10^{-5}
ko00980	细胞色素 P450 对异生素的代谢（metabolism of xenobiotics by cytochrome P450）	5	1.58×10^{-4}
ko00040	戊糖和葡萄糖醛酸相互转化（pentose and glucuronate interconversions）	4	3.68×10^{-4}
ko00982	药物代谢-细胞色素 P450（drug metabolism - cytochrome P450）	4	1.17×10^{-3}
ko00480	谷胱甘肽代谢（glutathione metabolism）	5	1.98×10^{-3}
ko04974	蛋白质的消化和吸收（protein digestion and absorption）	3	8.77×10^{-3}
ko00590	花生四烯酸代谢（arachidonic acid metabolism）	3	1.02×10^{-2}
ko00051	果糖和甘露糖代谢（fructose and mannose metabolism）	3	1.17×10^{-2}
ko04146	过氧化物酶体（peroxisome）	4	1.31×10^{-2}
ko00310	赖氨酸降解（lysine degradation）	2	2.71×10^{-2}
ko00561	甘油酯代谢（glycerolipid metabolism）	2	2.71×10^{-2}
ko04918	甲状腺激素合成（thyroid hormone synthesis）	2	3.53×10^{-2}
ko04510	黏着斑（focal adhesion）	5	4.29×10^{-2}
ko04512	ECM 受体相互作用（ECM - receptor interaction）	2	4.99×10^{-2}

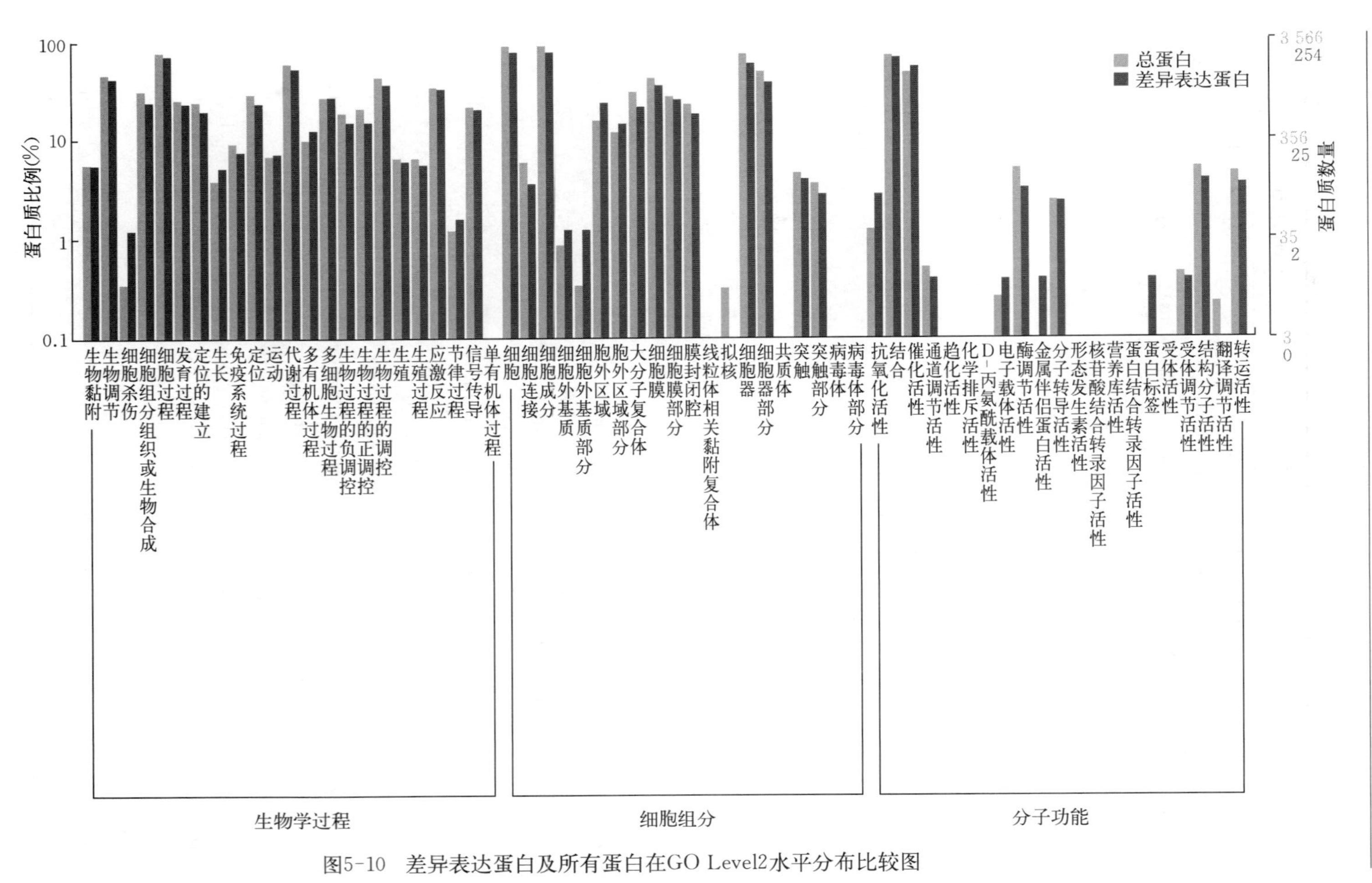

图5-10　差异表达蛋白及所有蛋白在GO Level2水平分布比较图

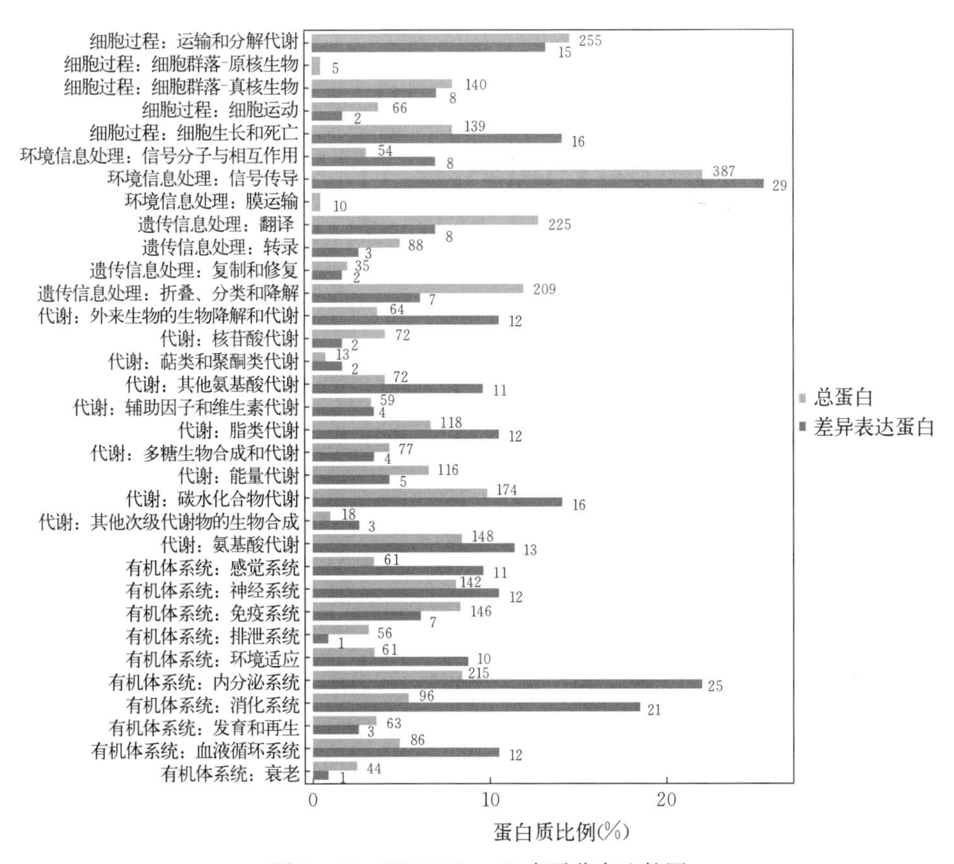

图 5－11　KEGG Level2 水平分布比较图

第六章　不同壳色虾夷扇贝的表观遗传学研究

一、DNA 甲基化概述

表观遗传学（epigenetics）是指在基因组 DNA 序列不发生变化的前提下，影响基因功能的可遗传的变化，主要包括 DNA 甲基化、组蛋白修饰、非编码 RNA 等。其中 DNA 甲基化是研究最为深入和广泛的一类表观遗传修饰方式，在动植物基因组中广泛存在。研究表明，DNA 甲基化在基因表达调控、胚胎发育、细胞分化、基因组印记、X 染色体失活、转座子沉默、维持基因组稳定等方面发挥重要的作用。真核生物的 DNA 甲基化以 5-甲基胞嘧啶（5-^{m}C）为主，在 DNA 甲基化转移酶（DNMTs）的催化下，S-腺苷甲硫氨酸（SAM）的甲基基团转移到胞嘧啶第五位碳分子上，形成 5-^{m}C，主要包括三种类型：对称的 CpG 序列、CHG 序列（H 代表 A、T 或 C）及 CHH 序列。DNA 甲基化水平在不同物种中存在较大差异。在脊椎动物中，5-^{m}C 主要存在于对称的 CpG 核苷酸对（CpG 岛）上，基因组中有 60%～80%的 CpG 处于甲基化状态而呈现出全局 DNA 甲基化模式（Ramsahoye 等，2000；Ziller 等，2011）。在人类的整个基因组中有 4%～6%的胞嘧啶发生甲基化（Lister 等，2009；Li 等，2010），来自脊索动物门尾索动物亚门的海鞘具有相似的比例（4.07%）（Feng 等，2010）。而无脊椎动物的 DNA 甲基化水平通常比脊椎动物低，如在昆虫中，基因组中仅有 0.1%～0.2%的胞嘧啶发生甲基化，整个基因组呈现一种甲基化 DNA 和非甲基化 DNA 镶嵌分布的状态（Xiang 等，2010；Lyko 等，2010；Bonasio 等，2012）。在海洋无脊椎动物中，DNA 甲基化也表现出一定的差异，如在海葵基因组中约 1.4%的胞嘧啶发生甲基化（Zemach 等，2010），而在海参中约有 3%的胞嘧啶发生甲基化（Yang 等，2020）。植物中的甲基化水平和甲基化模式与动物存在较大不同，往往表现出较高的甲基化水平，如在棉花（*Gossypium hirsutum* L.）基因组中有 28%～32%的胞嘧啶发生甲基化，且其中仅约

23%属于 CG 类型，约 22%属于 CHG 类型，而更多的则是 CHH 类型（约 55%）（Lu 等，2017）。

目前在软体动物中，对于 DNA 甲基化的研究相对较少，且主要集中在牡蛎中。在长牡蛎基因组中约有 1.95%的胞嘧啶发生甲基化，在美洲牡蛎中约有 2.7%，主要集中在 CpG 类型中，研究发现 DNA 甲基化在调控牡蛎基因组活性、胚胎发育和环境应答中发挥重要的作用（Gavery 和 Roberts，2010、2013；Wang 等，2014；Olson 等，2014；Venkataraman 等，2020）。在对珍珠贝（*P. fucata martensii*）的研究中发现，DNA 甲基化参与了贝壳的矿化（Zhang 等，2020）。在对虾夷扇贝胚胎发育过程中动态 DNA 甲基化水平的检测中发现，DNA 甲基化参与配子发生和早期胚胎发育过程。此外，不同颜色闭壳肌虾夷扇贝间的 DNA 甲基化水平存在显著差异，提示 DNA 甲基化调控闭壳肌颜色的形成。但是对于 DNA 甲基化在调控壳色形成中功能的研究还几乎没有报道，限制了我们对壳色形成机制的全面理解。

随着 DNA 甲基化研究的不断深入，已经有多种甲基化检测方法，尤其随着高通量测序技术的发展，出现了一系列基于高通量测序的全基因组范围内 DNA 甲基化位点检测技术，如基于重亚硫酸盐转化后测序的技术（如 WGBS 和 RRBS）（Meissner 等，2008）、基于甲基化胞嘧啶特异性结合抗体富集后测序的技术（如 MeDIP-seq 和 MethylCap-seq）（Down 等，2008；Brinkman 等，2010）、基于甲基化特异的限制性内切酶的技术（如 MethylSeq 和 Methy-lRAD）（Brunner 等，2009；Wang 等，2015）等。其中 WGBS（whole genome bisulfite sequencing，全基因组 DNA 甲基化测序）能够检测基因组内所有位点的 DNA 甲基化水平，做到单碱基精度的 C 位点甲基化水平绝对定量，被公认是 DNA 甲基化分析的金标准。本章利用 WGBS 技术进行了不同壳色虾夷扇贝外套膜组织的全基因组 DNA 甲基化分析，比较了不同壳色个体间 DNA 甲基化模式和水平的差异，以期为探讨 DNA 甲基化在壳色形成中调控作用的研究提供参考。

二、不同壳色虾夷扇贝全基因组 DNA 甲基化分析

（一）不同壳色虾夷扇贝外套膜 WGBS 测序

从大连獐子岛海域收集 2 龄褐色和白色虾夷扇贝，在实验室中以最适条件培养 1 周后进行解剖获取外套膜组织，液氮冷冻，－80 ℃保存。随机选取两种壳色个体各 3 只分别进行 DNA 提取、WGBS 测序文库构建（图 6-1）及高通量测序，所选用的是 Illumina Hiseq X TEN 测序平台。接下来对测序数据

进行生物信息学分析，分析流程如图 6-2 所示，主要包括测序数据的预处理、基因组比对、甲基化位点检测、甲基化 C 附近序列特征分析、DMR 检测、GO 和 KEGG 富集分析等。

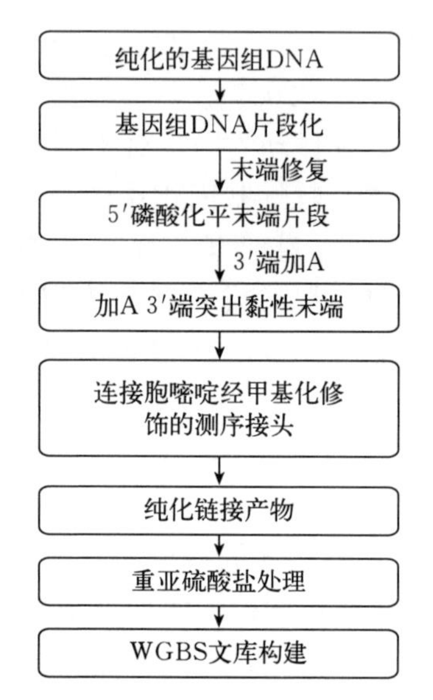

图 6-1 WGBS 测序文库构建流程

通过测序，两种壳色虾夷扇贝共获得 297.79 Gb 原始数据，其中褐色虾夷扇贝 147.54 Gb、白色虾夷扇贝 150.25 Gb，每个个体平均 49.63 Gb，覆盖了虾夷扇贝整个基因组的 30×以上，重硫酸盐转化率均在 99.8%以上，基因组比对率平均为 47.5%，测序数据情况详见表 6-1。

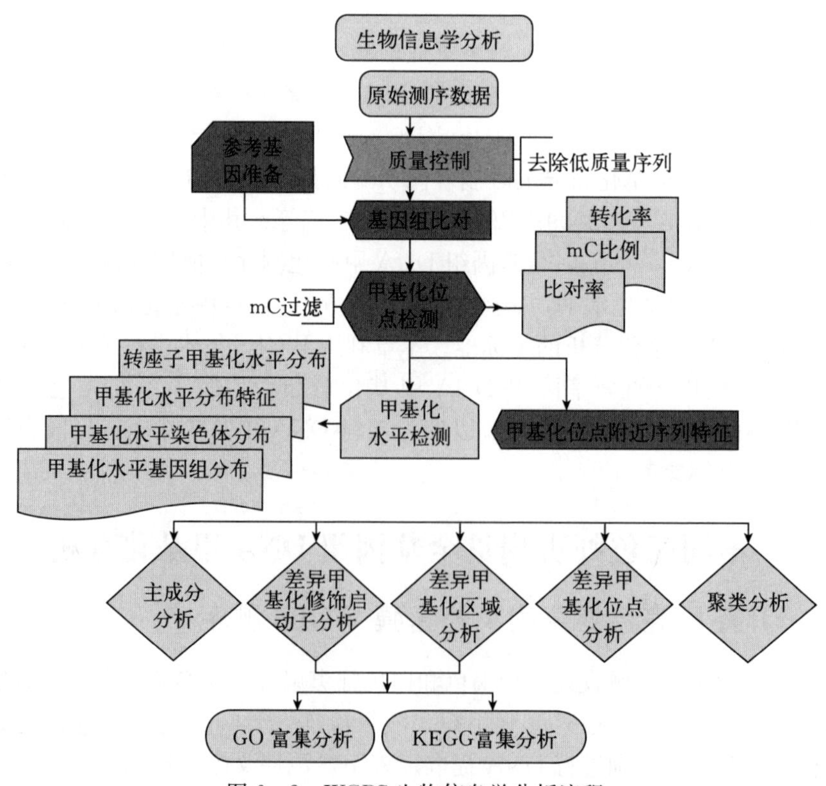

图 6-2 WGBS 生物信息学分析流程

表 6-1　不同壳色虾夷扇贝 WGBS 测序情况

样品	Raw reads/ Raw base（Gb）	Clean reads/ Clean base（Gb）	BS 转化率（%）	比对序列数	比对率（%）
褐色 1	345 103 250/51.77	334 652 788/49.86	99.88	163 955 550	48.99
褐色 2	316 013 962/47.40	304 170 606/45.26	99.85	140 235 924	46.10
褐色 3	322 452 000/48.37	312 721 358/46.63	99.88	143 072 896	45.75
白色 1	319 764 220/47.96	309 094 520/46.05	99.82	140 779 852	45.55
白色 2	380 237 074/57.04	366 323 134/54.55	99.92	176 451 976	48.17
白色 3	301 652 872/45.25	294 587 968/43.97	99.90	148 013 856	50.24

（二）不同壳色虾夷扇贝外套膜全基因组甲基化图谱的绘制

两种壳色虾夷扇贝外套膜 DNA 甲基化位点在全基因组中的分布情况如图 6-3 所示。整体上，在褐色和白色虾夷扇贝基因组中分别约 3.07% 和 2.94% 的胞嘧啶 C 发生甲基化，略高于牡蛎中的比例。甲基化位点主要包括三种类型：CG、CHG 和 CHH（H 代表 A、C 或 T）。在褐色个体中，这三种类型序列发生甲基化的比例分别为 24.35%（^{m}CG）、0.12%（^{m}CHG）和 0.09%（^{m}CHH）；在白色个体中，这三种类型序列则分别有 22.71%、0.12% 和 0.09%的比例发生甲基化；在 CG 类型中，白色个体的甲基化比例要略低于褐色个体（表 6-2）。在所有发生甲基化的胞嘧啶中，^{m}CG、^{m}CHG 和 ^{m}CHH 三种类型所占的比例在两种壳色个体中相似，其中 CG 类型约占 97%，CHG 和 CHH 所占比例较低，分别约占 1%和 2%（图 6-4）。

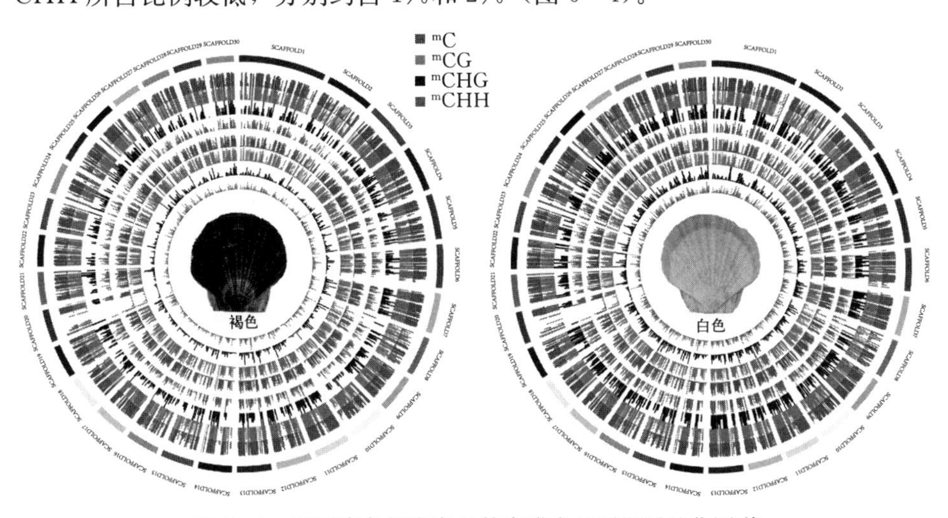

图 6-3　不同壳色虾夷扇贝外套膜全基因组甲基化图谱

表 6-2　两种壳色虾夷扇贝各甲基化类型比例及甲基化水平统计

样品	类型	C 数量	mC 数量	mC 比例（%）	C 甲基化水平（%）	mC 甲基化水平（%）
褐色	CG	19 955 059	4 859 256	24.35	17.96	72.24
	CHG	28 971 528	36 643	0.13	0.18	40.61
	CHH	113 725 596	105 234	0.09	0.15	39.98
	C	162 652 183	5 001 133	3.07	2.34	71.33
白色	CG	25 847 550	5 868 813	22.71	16.39	70.86
	CHG	36 973 922	45 563	0.12	0.15	39.49
	CHH	142 992 091	129 658	0.09	0.12	39.12
	C	205 813 563	6 044 034	2.94	2.17	69.94

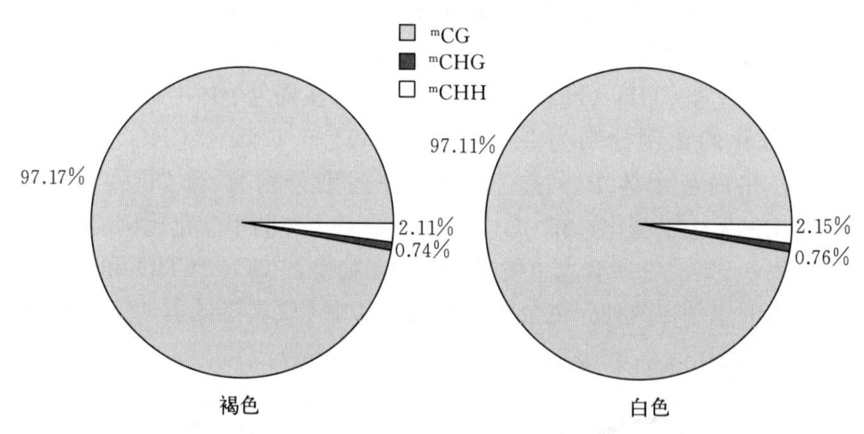

图 6-4　不同壳色虾夷扇贝三种甲基化类型的比例

两种壳色虾夷扇贝外套膜全基因组甲基化水平具有相似的趋势，即都在CG类型中具有高甲基化水平，而在CHG和CHH类型中具有较低的甲基化水平（表6-2，图6-5）。在褐色个体中，全基因组胞嘧啶的平均甲基化水平为2.34%，其中CG、CHG和CHH三种不同类型序列的平均甲基化水平分别为17.96%、0.18%和0.15%；而全基因组发生甲基化胞嘧啶的平均甲基化水平为71.33%，其中mCG、mCHG和mCHH平均甲基化水平分别为72.24%、40.61%和39.98%。相应地，在白色个体中，全基因组胞嘧啶的平均甲基化水平为2.17%，其中CG、CHG和CHH三种类型的平均甲基化水平分别为16.39%、0.15%和0.12%；而全基因组发生甲基化胞嘧啶的平均甲基化水平为69.94%，其中mCG、mCHG和mCHH平均甲基化水平分别为70.86%、

39.49%和 39.12%。整体上，所有类型位点在白色个体中的甲基化水平要略低于褐色个体。

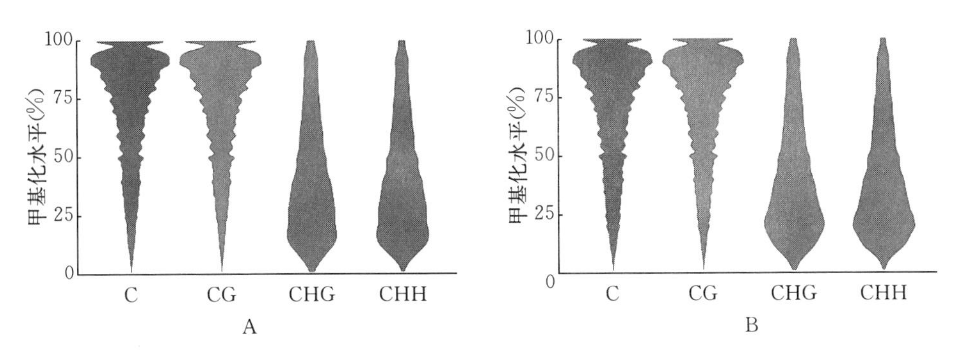

图 6-5　两种壳色虾夷扇贝不同类型位点甲基化水平分布情况
A. 褐色　B. 白色

(三) 两种壳色虾夷扇贝甲基化胞嘧啶附近的序列特征分析

分析甲基化的 C 附近碱基的分布情况，取包括甲基化位点在内的 9 bp 的碱基做 Logo Plots，统计不同甲基化模式出现的概率，研究不同类型下甲基化胞嘧啶上下游的序列特征。在 CG 类型位点中，甲基化水平高于 75%的位点被认为是高甲基化水平位点，其余则为低甲基化水平位点；在 CHG 和 CHH 类型中，甲基化水平高于 25%的位点被认为是高甲基化水平位点，其余则为低甲基化水平位点。研究发现，不同类型位点甲基化 C 附近的序列偏好性不同，高水平甲基化位点和低水平甲基化位点间也具有明显的不同，两种壳色个体间同样存在差异（图 6-6)。首先，在 CG 类型中，高水平甲基化 C 位点附近的碱基分布在两种壳色个体中均较为均匀；而对于低水平甲基化位点，在褐色个体中 ACGA 序列具有较高的频率，在白色个体中 ACGT 出现较高的频率(图 6-6A)。其次，在 CHG 类型中，高水平甲基化位点在褐色个体中 ACA-GA 序列具有较高的频率，而在白色个体中 TCAGA 序列具有较高的频率；对于低水平甲基化位点，褐色和白色个体分别偏向于 ACTGA 和 ACTGT 序列(图 6-6B)。最后，在 CHH 类型中，不论高水平还是低水平甲基化位点，甲基化胞嘧啶倾向于出现在 CAT 序列中，但是在两种壳色个体中 CHH 附近的碱基组成有所不同，如在褐色个体中，甲基化位点偏好于 CATA 序列，在白色个体中则偏好于 CATT 序列（图 6-6C)。

(四) 两种壳色虾夷扇贝基因组不同区域的甲基化模式分析

进一步分析了两种壳色虾夷扇贝基因组不同区域的甲基化水平差异情况。

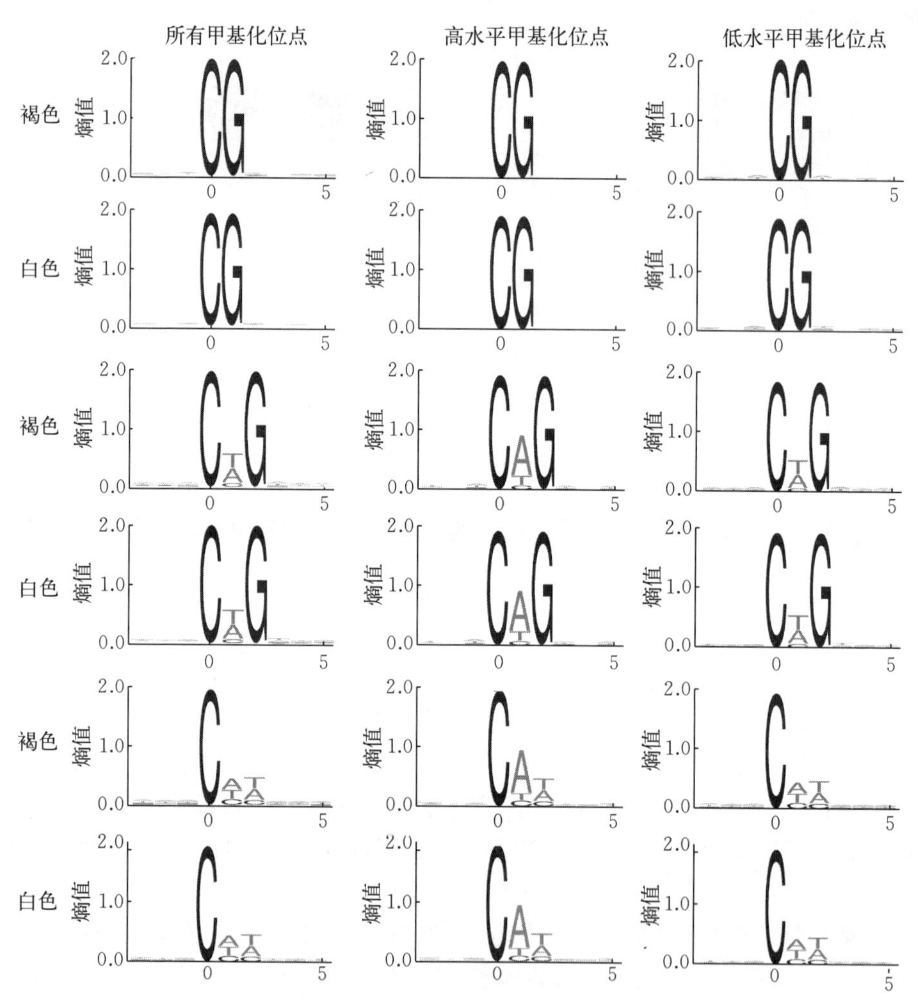

图 6-6 两种壳色虾夷扇贝甲基化 C 附近序列的序列特征分析

A. CG 类型 B. CHG 类型 C. CHH 类型

注：对于 CG 类型，甲基化水平>75%的为高甲基化水平位点，其余为低甲基化水平位点；对于 CHG 和 CHH 类型，甲基化水平>25%的为高甲基化水平位点，其余为低甲基化水平位点。

首先，CG 类型位点与其他两种类型位点相比，在基因组所有区域都具有最高的甲基化水平，而 CHH 则表现最低的甲基化水平（图 6-7）。在 CG 类型中，两种壳色扇贝均在编码区具有最高的甲基化水平，其次是外显子区域，而基因间区则甲基化水平最低（图 6-7A）；相似的模式同样存在于 CHG 和 CHH 两种类型中，但各个基因组区域间的差异幅度相比 CG 类型较小（图 6-7B 和 C）。接下来，对转录区域内的甲基化水平进行了比较分析，包括 5′UTR、外显子、内含子、3′UTR 以及上游 2 kb（启动子区）和下游 2 kb 的区域。在 CG 类型中（图 6－7D），甲基化水平在启动子区最低，在趋势上向 5′UTR 逐渐下降，而在 5′UTR 区则上升到较高的水平；5′UTR 和 3′UTR 具有相当的甲基化水平，但略高于内含子区域，外显子区域呈现最高的甲基化水平；甲基化水平在 2 kb 下游区域开始时急剧下降，然后又逐渐上升。在 CHG 和 CHH 类型中具有类似的甲基化水平分布，但转录区域内的平均甲基化水平较为接近（图 6－7E 和 F）。值得注意的是，虽然基因组各区域中的甲基化水平模式在褐色和白色虾夷扇贝中相似，但甲基化水平在所有检测区域均是褐色个体要高于白色个体。两种壳色虾夷扇贝间甲基化模式和甲基化水平的差异很可能与壳色形成相关。

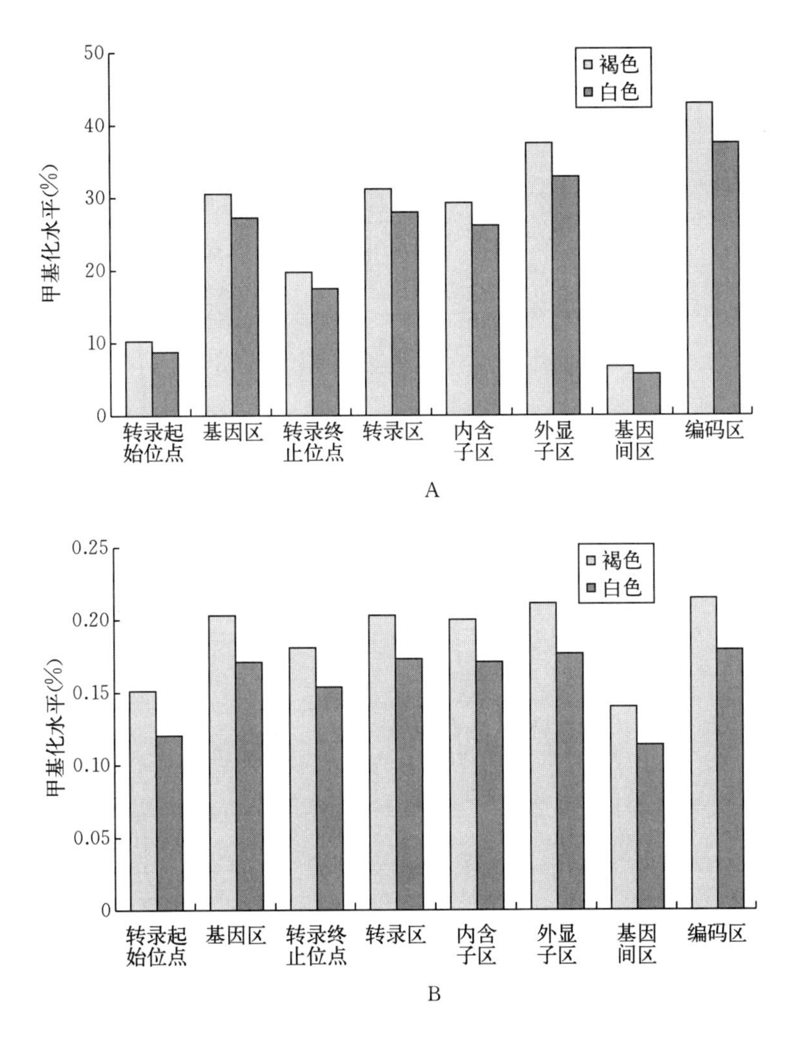

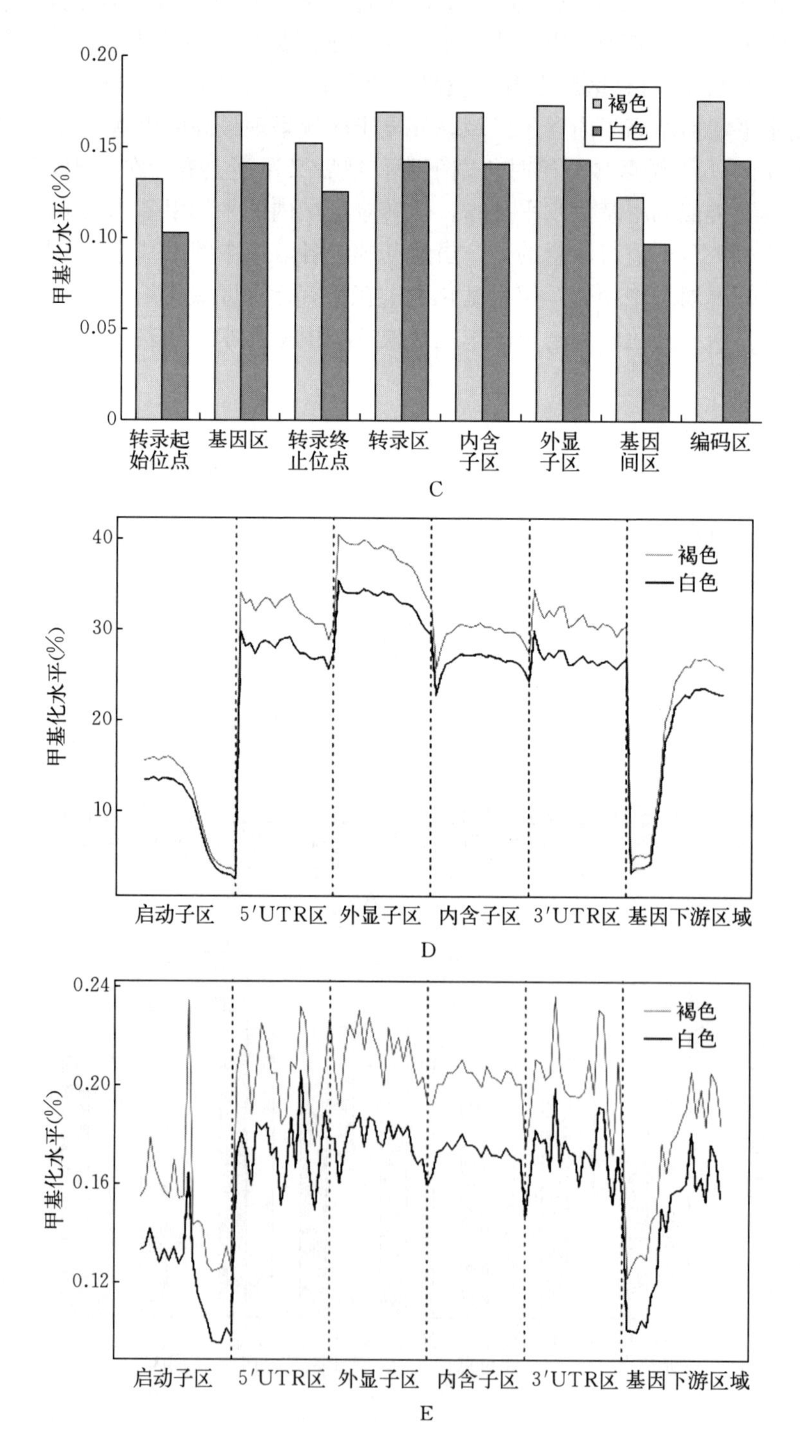
0.20
0.15
0.10
0.05
0
甲基化水平(%)
褐色
白色
转录起始位点
基因区
转录终止位点
转录区
内含子区
外显子区
基因间区
编码区
C
40
30
20
10
甲基化水平(%)
褐色
白色
启动子区
5′UTR区
外显子区
内含子区
3′UTR区
基因下游区域
D
0.24
0.20
0.16
0.12
甲基化水平(%)
褐色
白色
启动子区
5′UTR区
外显子区
内含子区
3′UTR区
基因下游区域
E

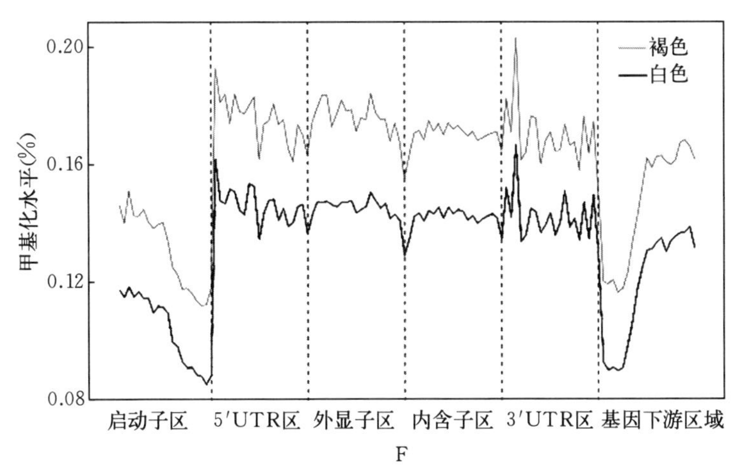

图 6-7 两种壳色虾夷扇贝基因组不同区域的甲基化水平分析

A 和 D. CG 类型 B 和 E. CHG 类型 C 和 F. CHH 类型

(五) 两种壳色虾夷扇贝差异甲基化区域分析

为进一步探讨甲基化修饰在壳色形成中的功能，对褐色和白色虾夷扇贝间的差异甲基化区域（differentially methylated regions，DMRs）进行了筛查，共获得 41 175 个 DMRs。GO 富集分析共发现 1 339 个 GO 功能显著富集（$P\leqslant 0.05$），包含了多方面的功能。其中许多富集的 GO 条目与组蛋白修饰相关，如组蛋白磷酸化、乙酰化、去乙酰化、甲基化、去甲基化等；还有较多 GO 条目与染色体和 DNA 结构变化相关，如染色质重构、结合和沉默，DNA 解螺旋酶活性、双螺旋解旋等；另外还有部分与转录调控相关的 GO 功能显著富集，如不同的转录因子活性等（表 6-3）。我们知道，组蛋白是最主要的染色体结构蛋白，组蛋白修饰在基因的表达调控中发挥重要的作用（Berger，2002），因此在本研究相关 GO 功能的富集很可能表明 DNA 甲基化通过调控组蛋白修饰和染色体结构来影响和壳色形成相关的基因的转录表达，从而调控壳色的形成。更值得注意的是，一些与颜色形成相关的 GO 功能同样获得了显著富集（表 6-3），一方面与黑色素相关，如色素沉着（pigmentation）、黑素细胞分化（melanocyte differentiation）、黑素小体组织（melanosome organization）、黑素小体转运（melanosome transport）等，一方面与卟啉色素相关，如卟啉化合物的生物合成过程（porphyrin-containing compound biosynthetic process）、原卟啉原Ⅸ生物合成过程（protoporphyrinogen Ⅸ biosynthetic process）、血红素生物合成过程（heme biosynthetic process）等。这些功能都与壳色的形成紧密相关。此外，在 KEGG 富集分析中共获得 66 条显著富集的代谢通路（$P\leqslant 0.05$），同样涉及多方面的生命活动，如 RNA 的合成、降解和转运，脂肪酸的合成、降解和代谢，多聚糖的合成、碳代谢等，而其中和卟啉色素代谢相关的一条通路“卟啉与叶绿素代谢（porphyrin and chlorophyll metabolism，Ko00860）也显著富集（图 6-8）。由此可以得出，黑色素和卟啉色素合成相关过程对虾夷扇贝壳色的产生具有重要影响，且其受到了甲基化修饰的调控。

表 6-3　两种壳色虾夷扇贝 DMRs GO 富集分析

登录号	GO 注释	基因数目	P（$P\leq0.05$）
	组蛋白修饰相关		
GO：0033129	组蛋白磷酸化的正调控（positive regulation of histonephosphorylation）	4	0.00
GO：0033169	组蛋白 H3-K9 去甲基化（histone H3-K9 demethylation）	4	0.00
GO：0032454	组蛋白去甲基化酶活性，H3-K9 特异（histone demethylase activity，H3-K9 specific）	4	0.00
GO：0044020	组蛋白甲基转移酶活性，H4-R3 特异（histone methyltransferase activity，H4-R3 specific）	4	0.00
GO：0035267	NuA4 组蛋白乙酰转移酶复合体（NuA4 histone acetyltransferase complex）	15	4.90×10^{-5}
GO：0018024	组蛋白赖氨酸 N-甲基转移酶活性（histone-lysine N-methyltransferase activity）	15	4.90×10^{-5}
GO：0043968	组蛋白 H2A 乙酰化（histone H2A acetylation）	12	1.02×10^{-4}
GO：0000123	组蛋白乙酰转移酶复合体（histone acetyltransferase complex）	15	1.89×10^{-4}
GO：0071044	组蛋白 mRNA 分解代谢过程（histone mRNA catabolic process）	7	9.35×10^{-4}
GO：0042800	组蛋白甲基转移酶活性，H3-K4 特异（histone methyltransferase activity，H3-K4 specific）	7	9.35×10^{-4}
GO：0000118	组蛋白脱乙酰酶复合体（histone deacetylase complex）	14	1.12×10^{-3}
GO：0051571	组蛋白 H3-K4 甲基化的正调控（positive regulation of histone H3-K4 methylation）	6	2.24×10^{-3}
GO：0016575	组蛋白脱乙酰化（histone deacetylation）	11	3.03×10^{-3}
GO：0042826	组蛋白脱乙酰酶结合（histone deacetylase binding）	28	4.68×10^{-3}
GO：0070776	MOZ/MORF 乙酰转移酶复合体（MOZ/MORF histone acetyltransferase complex）	5	5.35×10^{-3}
GO：0017136	NAD 依赖性组蛋白脱乙酰酶活性（NAD-dependent histone deacetylase activity）	5	5.35×10^{-3}
GO：0043966	组蛋白 H3 乙酰化（histone H3 acetylation）	15	6.68×10^{-3}

（续）

登录号	GO 注释	基因数目	P（$P\leqslant 0.05$）
GO：0043967	组蛋白 H4 乙酰化（histone H4 acetylation）	11	7.50×10^{-3}
GO：0043981	组蛋白 H4－K5 乙酰化（histone H4－K5 acetylation）	8	8.40×10^{-3}
GO：0043982	组蛋白 H4－K8 乙酰化（histone H4－K8 acetylation）	8	8.40×10^{-3}
GO：0031065	组蛋白脱乙酰化的正调控（positive regulation of histone deacetylation）	6	1.13×10^{-2}
GO：0035067	组蛋白乙酰化的负调控（negative regulation of histone acetylation）	6	1.13×10^{-2}
GO：0051568	组蛋白 H3－K4 甲基化（histone H3－K4methylation）	6	1.13×10^{-2}
GO：0016570	组蛋白修饰（histone modification）	4	1.28×10^{-2}
GO：0004402	组蛋白乙酰转移酶活性（histone acetyltransferase activity）	16	1.31×10^{-2}
GO：0035064	甲基化组蛋白结合（methylated histone binding）	22	1.54×10^{-2}
GO：0070932	组蛋白 H3 脱乙酰化（histone H3 deacetylation）	7	1.67×10^{-2}
GO：0016573	组蛋白乙酰化（histone acetylation）	12	1.76×10^{-2}
GO：0043984	组蛋白 H4－K16 乙酰化（histone H4－K16 acetylation）	8	2.11×10^{-2}
GO：0070933	组蛋白 H4 脱乙酰化（histone H4 deacetylation）	5	2.40×10^{-2}
GO：0035035	组蛋白乙酰转移酶结合（histone acetyltransferase binding）	10	2.74×10^{-2}
GO：0004407	组蛋白脱乙酰化酶活性（histone deacetylase activity）	8	4.33×10^{-2}
	染色体合 DNA 结构相关		
GO：0006338	染色质重塑（chromatin remodeling）	28	6.08×10^{-4}
GO：0035562	染色质结合的负调控（negative regulation of chromatin binding）	4	1.28×10^{-2}
GO：0051304	染色体分离（chromosome separation）	4	1.28×10^{-2}
GO：0006342	染色质沉默（chromatin silencing）	8	2.11×10^{-2}
GO：0007059	染色体分离（chromosome segregation）	21	2.30×10^{-2}
GO：0043138	3′－5′DNA 解螺旋酶活性（3′－5′ DNA helicase activity）	5	0.00
GO：0004003	ATP 依赖性 DNA 解螺旋酶活性（ATP－dependent DNA helicase activity）	16	2.94×10^{-4}
GO：0032508	DNA 双链解螺旋（DNA duplex unwinding）	21	9.77×10^{-4}
GO：0003678	DNA 解螺旋酶活性（DNA helicase activity）	10	5.88×10^{-3}
GO：0043141	ATP 依赖性 5′－3′ DNA 解螺旋酶活性（ATP－dependent 5′－3′ DNA helicase activity）	8	8.40×10^{-3}
GO：0061749	分叉 DNA 依赖性解旋酶活性（forked DNA－dependent helicase activity）	5	2.40×10^{-2}

（续）

登录号	GO 注释	基因数目	P（P≤0.05）
	转录调控相关		
GO：0008023	转录延伸因子复合体（transcription elongation factor complex）	11	0.00
GO：0033276	转录因子 TFTC 复合体（transcription factor TFTC complex）	7	0.00
GO：0005669	转录因子 TFIID 复合体（transcription factor TFIID complex）	16	9.22×10^{-5}
GO：0017053	转录抑制因子复合体（transcriptional repressor complex）	16	2.94×10^{-4}
GO：0010608	基因表达的转录后调控（posttranscriptional regulation of gene expression）	12	4.70×10^{-4}
GO：0006351	转录，DNA 模板（transcription，DNA－templated）	28	6.08×10^{-4}
GO：0000127	转录因子 TFIIIC 复合体（transcription factor TFIIIC complex）	6	2.24×10^{-3}
GO：0000976	转录调控区序列特异性 DNA 结合（transcription regulatory region sequence－specific DNA binding）	16	3.86×10^{-3}
GO：0005675	转录因子 TFIIH 复合体（transcription factor TFIIH holo complex）	6	1.13×10^{-2}
GO：0006353	DNA 模板化转录，终止（DNA－templated transcription，termination）	8	4.33×10^{-2}
	色素沉着相关		
GO：0043473	色素沉积（pigmentation）	8	2.44×10^{-3}
GO：0030318	黑素细胞分化（melanocyte differentiation）	7	9.35×10^{-4}
GO：0032438	黑素小体组织（melanosome organization）	7	0.00
GO：0032402	黑素小体转运（melanosome transport）	6	2.24×10^{-3}
GO：0035646	内体到黑素小体的转运（endosome to melanosome transport）	7	5.29×10^{-3}
GO：0006779	卟啉化合物的生物合成过程（porphyrin－containing compound biosynthetic process）	4	0.00
GO：0006782	原卟啉原Ⅸ生物合成过程（protoporphyrinogen Ⅸ biosynthetic process）	5	2.40×10^{-2}
GO：0006783	血红素生物合成过程（heme biosynthetic process）	12	4.70×10^{-4}

进一步在 DMR 中筛查了与壳色形成相关的基因，如表 6－4 所示，其中

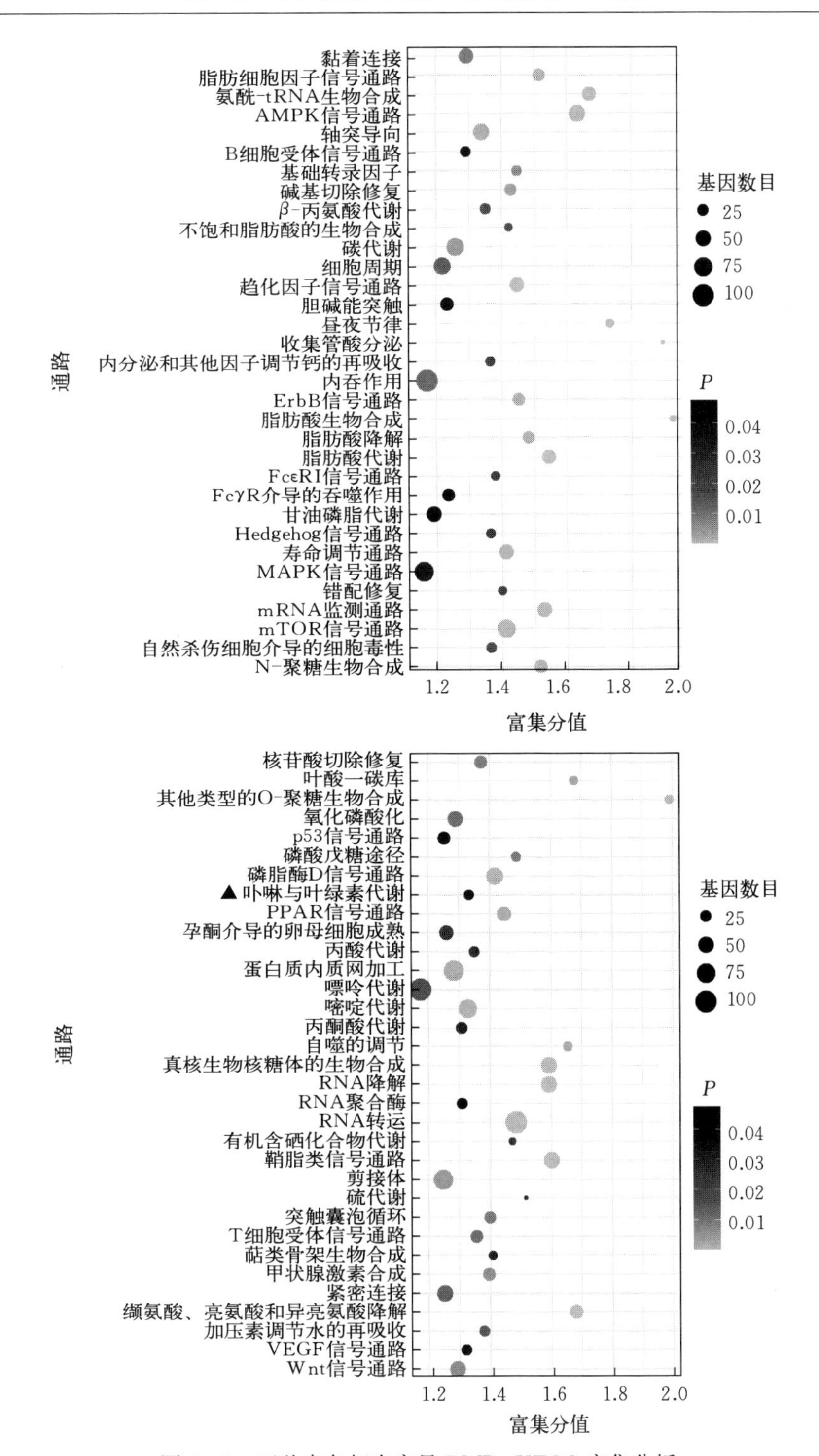

图 6-8　两种壳色虾夷扇贝 DMRs KEGG 富集分析

表 6-4　壳色形成相关基因中 DMRs

基因名	登录号	Scaffold	起始位点	终止位点	甲基化水平-褐色(%)	甲基化水平-白色(%)	甲基化水平差异(%)	$P(P\leqslant 0.05)$
ALAS	LOC110452629	NW_018406720.1	745 001	746 000	80	67.57	12.43	1.98×10^{-2}
ALAD	LOC110458627	NW_018408167.1	103 001	104 000	22.75	34.55	−11.81	2.04×10^{-3}
UROS	LOC110449792	NW_018405737.1	1 396 001	1 397 000	15.47	0.24	15.23	4.54×10^{-55}
			1 397 001	1 398 000	19.29	0.76	18.53	1.39×10^{-50}
			1 398 001	1 399 000	31.86	1.93	29.93	6.29×10^{-79}
			1 399 001	1 400 000	76.19	56.57	19.63	1.79×10^{-22}
			1 400 001	1 401 000	62.85	39.42	23.44	5.99×10^{-21}
			1 401 001	1 402 000	54.34	40.18	14.16	1.63×10^{-6}
			1 426 001	1 427 000	56.66	42.68	13.98	7.03×10^{-5}
			1 430 001	1 431 000	73.93	59.91	14.02	6.10×10^{-5}
UROD	LOC110452530	NW_018406690.1	1 375 001	1 376 000	58.46	74.66	−16.2	1.43×10^{-2}
			1 378 001	1 379 000	70.97	59.82	11.15	4.75×10^{-2}
CPOX	LOC110453297	NW_018406955.1	618 001	619 000	66.39	78.23	−11.84	2.89×10^{-4}
PPOX	LOC110452239	NW_018406583.1	28 001	29 000	71.48	0	71.48	5.79×10^{-7}
			31 001	32 000	76.35	64.29	12.07	1.01×10^{-2}
FECH	LOC110449109	NW_018405575.1	179 001	180 000	71.13	89.35	−18.22	3.47×10^{-5}
			183 001	184 000	27.14	13.14	14	4.77×10^{-7}
MITF	LOC110457295	NW_018407865.1	121 001	122 000	30.3	60.87	−30.57	3.02×10^{-2}
			129 001	130 000	33.98	51	−17.02	9.05×10^{-17}
			138 001	139 000	38.88	49.16	−10.28	7.10×10^{-3}

ALAS（5－aminolevulinate synthase，5－氨基乙酰丙酸合成酶）、ALAD（delta－aminolevulinic acid dehydratase，5－氨基乙酰丙酸脱水酶）、UROS（uroporphyrinogen－Ⅲ synthase，尿卟啉原Ⅲ合酶）、UROD（uroporphyrinogen decarboxylase，尿卟啉原脱羧酶）、CPOX（coproporphyrinogen－Ⅲ oxidase，粪卟啉原氧化酶）、PPOX（protoporphyrinogen oxidase，原卟啉原氧化酶）和 FECH（ferrochelatase，亚铁螯合酶）这 7 种酶的 7 个基因均来自血红素合成通路，而该通路包含在上面显著富集的卟啉色素代谢相关通路“卟啉与叶绿素代谢”这一较大的代谢通路当中。正如第一章中提到的，血红素合成通路包含 8 个基因，而在本研究中其中有 7 个基因在两种壳色个体中存在差异甲基化区域。其中，*ALAS*、*UROS* 和 *PPOX* 基因中的 DMRs 的甲基化水平在褐色虾夷扇贝中要高于白色个体，但在 *ALAD* 和 *CPOX* 基因中褐色个体的甲基化水平要低于白色个体，而在 *UROD* 和 *FECH* 两个基因的 DMRs 中以上两种情况同时存在。为了进一步分析甲基化水平差异对基因表达的影响，利用 qRT－PCR 分别对血红素合成通路的这 7 个基因的表达水平进行了检测，发现除了 *CPOX* 基因，其他 6 个基因在褐色个体外套膜中的表达量都要显著高于白色个体，在 *CPOX* 基因中具有相反的表达趋势（图 6－9）。由此可以看出，甲基化修饰很可能通过调控血红素合成通

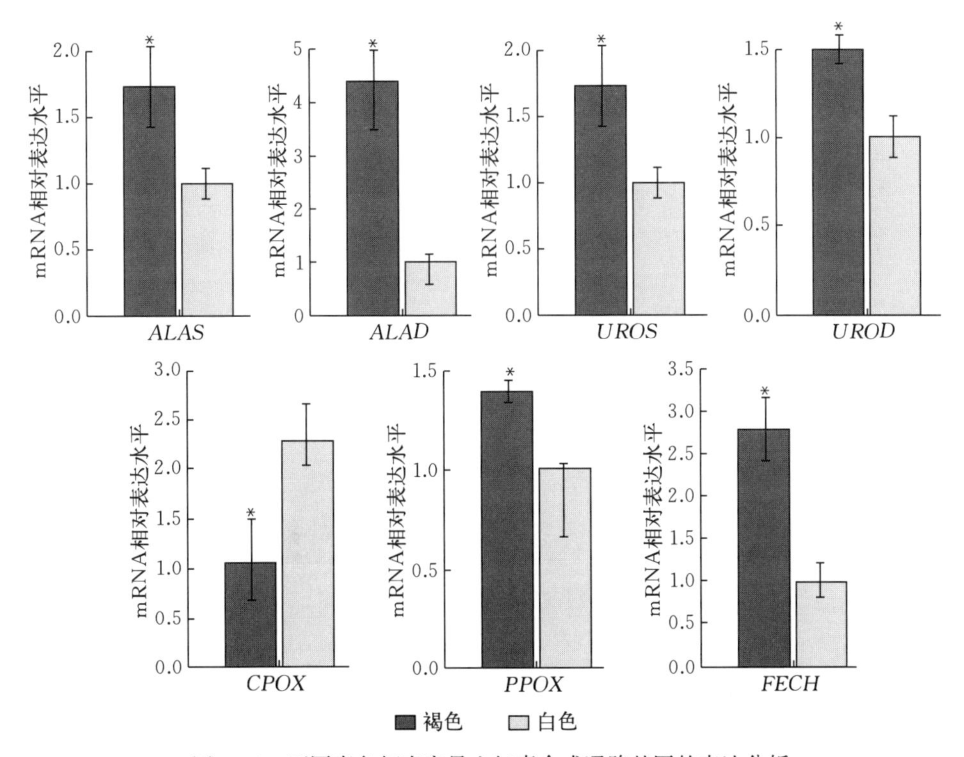

图 6－9　不同壳色虾夷扇贝血红素合成通路基因的表达分析

路基因的表达而影响了虾夷扇贝壳色的形成，但在两种壳色个体的血红素合成通路中甲基化水平与基因表达水平未表现出一致的趋势。此外，我们在黑色素合成通路的关键调控基因 *MITF*（microphthalmia - associated transcription factor，小眼畸形相关转录因子）中发现 3 个 DMRs（表 6 - 4），其甲基化水平在褐色个体中均要显著高于白色个体。在本书第七章以及 Sun 等（2015）对 *MITF* 基因表达水平的分析中发现，褐色个体外套膜中的表达量要高于白色个体，表明虾夷扇贝 *MITF* 基因的表达水平同样受到甲基化修饰的影响，并进一步调控黑色素的合成过程，从而影响壳色的形成。

第七章　虾夷扇贝壳色形成相关基因的序列及功能研究

一、黑色素形成通路相关基因

（一）虾夷扇贝 *Tyr* 基因家族

1. 酪氨酸酶基因在贝类中的研究进展

酪氨酸酶（tyrosinase）是一种含铜金属酶，广泛存在于动植物、微生物及人体内。酪氨酸酶活性中心包含两个铜离子位点，分别称为 Cu（A）和 Cu（B），且每个结构域都各含有三个保守的组氨酸。酪氨酸酶是黑色素合成通路中的限速酶，但越来越多的证据表明，*Tyr* 基因与贝类贝壳的形成、贝壳色素的合成及贝类免疫防御等生理过程都具有密切的关系。*Tyr* 基因在双壳贝类中存在基因扩张的现象，形成 *Tyr* 基因家族，且家族内不同成员可能发挥的作用不同（Aguilera 等，2014）。在长牡蛎中，Huan 等（2013）将克隆得到的 *cgi-tyr1* 基因定位在了早期胚胎贝壳发生的位置，推断该基因与贝壳的起源发生有关；Yu 等（2014）发现牡蛎的 *Cgtyr2* 基因在贝壳主要形成组织外套膜中的表达量要显著高于其他组织，推测其可能参与贝壳的形成。在合浦珠母贝中，Zhang 等（2006）发现 *Tyr* 基因 *OT47* 只在外套膜边缘表达，原位杂交定位在边缘中褶部分，推测其与贝壳角质层形成有关；Nagai 等（2007）在贝壳的棱柱层中分离获得 2 个 Tyr 蛋白（Pfty1 和 Pfty2），Northern blot 显示两个基因在外套膜中特异表达，且外套膜不同部位表达量不同，说明两个基因与贝壳棱柱层形成有关且发挥不同的功能。在虾夷扇贝中，Ding 等（2015）和 Sun 等（2016）分别对不同壳色个体进行了转录组测序，都检测到了呈现差异表达的 *Tyr* 基因，且 Sun 等还发现 *Tyr* 基因的表达与贝壳中 Tyr 蛋白及黑色素的含量存在相关性，推测 *Tyr* 基因在贝壳色素合成中发挥重要作用。此外，Munoz 等（2006）发现感染帕金虫（*Perkinsus atlanticus*）的葡萄牙蛤（*Tapes decussatus*）的血细胞和血淋巴中 Tyr 活性显著增加；受大肠杆菌胁迫的栉孔扇贝中，*CfTYR* 基因在血淋巴细胞中的表达表现出先下调后上调的显著变化，且血淋巴表现出明显的抗菌活性（Zhou 等，2012）；虾夷扇贝的 *MyTYR* 在鳗弧菌胁迫过程中也表现出类似的变化趋势。这说明部分 *Tyr* 基因还参与了贝类的免疫防御过程。但以上研究相对分散，缺乏对 *Tyr* 基因全面系统的分析，不同物种间或同一物种中各 *Tyr* 基因间的相互关系不甚清晰，在一定程度上限制了 *Tyr* 基因家族功能的解析。贝类基因组测序的发展（合浦珠母贝：Takeuchi 等，2012；长牡蛎：Zhang 等，2012），推动了贝类全基因组水平上 *Tyr* 基因的研究，有助于系统深入地探讨 *Tyr* 基因家族的分子功能和调控机制。Aguilera 等（2014）发现牡蛎与合浦珠母贝中 *Tyr* 基因的功能与其在基因组中的位置有关，*Tyr* 基因在两个物种都有成簇分布的现象；系统发生分析发现，*Tyr* 基因扩张现象表现出一定的物种特异性，很多 *Tyr* 基因的产生发生在物种形成之后，以适应各自功能的需要。目前，虾夷扇贝的基因组测序工作也已完成（Wang 等，2017），为虾夷扇贝各项研究的开展搭建了非常好的平台。

2. 虾夷扇贝 *Tyr* 基因家族的全基因组鉴定及序列分析

（1）虾夷扇贝 *Tyr* 基因家族的全基因组鉴定

借助虾夷扇贝全基因组序列，通过同源序列比对，在虾夷扇贝全基因组范围内进行 *Tyr* 基因家族的鉴定。首先，从 NCBI（http://www.ncbi.nlm.nih.gov）、Ensembl（http://useast.ensembl.org）、Echinobase（http://www.echinobase.org/Echinobase）以及 OysterBase（http://www.oysterdb.com）等数据库下载翡翠贻贝（*Perna viridis*）、珠母贝（*Pinctada margaritifera*）、合浦珠母贝、大珠母贝（*Pinctada maxima*）、美洲牡蛎（*C. virginica*）、三角帆蚌、加州双斑蛸（*Octopus bimaculoides*）、长牡蛎、文蛤、章鱼（*Octopus vulgaris*）、栉孔扇贝、斑马鱼（*Danio rerio*）、小白鼠（*Mus musculus*）、原鸡（*Gallus gallus*）和人（*Homo sapiens*）等无脊椎动物和脊椎动物的 Tyr 蛋白序列，与已有虾夷扇贝转录组和基因组序列进行 BLAST 比对，在虾夷扇贝全基因组范围内共获得 24 个 *Tyr* 基因，且具有完整的结构功能域，表现出明显的基因扩张现象，并分别将其命名为 *Pytyr1*、*Pytyr2*、*Pytyr3*、*Pytyr4*、*Pytyr5*、*Pytyr6*、*Pytyr7*、*Pytyr8*、*Pytyr9*、*Pytyr10*、*Pytyr11*、*Pytyr12*、*Pytyr13*、*Pytyr14*、*Pytyr15*、*Pytyr16*、*Pytyr17*、*Pytyr18*、*Pytyr19*、*Pytyr20*、*Pytyr21*、*Pytyr22*、*Pytyr23*、*Pytyr24*。对虾夷扇贝 *Tyr* 基因家族在基因组中的分布统计发现，这 24 个 *Tyr* 基因在基因组中分别位于 12 个 Scaffold 上，且部分表现出成簇分布的特点。其中：Scaffold NW_018404083.1 上 *Tyr* 基因分布最多，有 10 个；其次是 Scaffold NW_018406666.1，有 3 个；Scaffold NW_018408776.1 有 2 个；其余均含有一个 *Tyr* 基因（图 7-1）。虾夷扇贝 *Tyr* 基因家族的全基因组鉴定信息详见表 7-1。

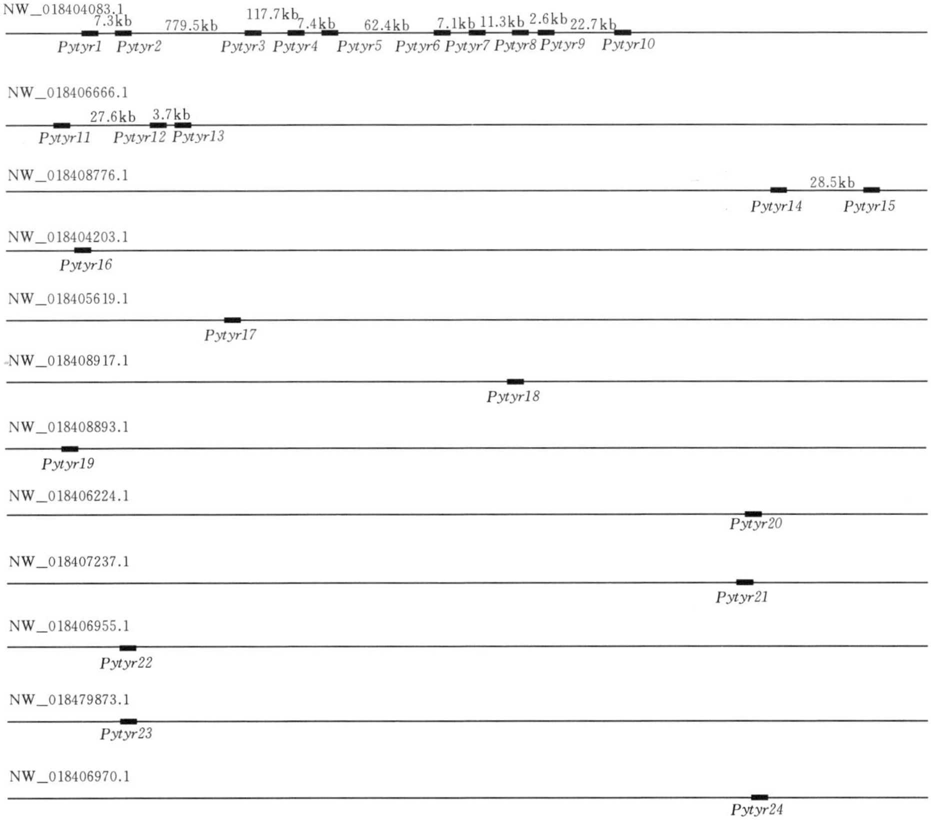

图 7-1　虾夷扇贝 *Tyr* 基因家族在基因组中的分布情况

（2）虾夷扇贝 *Tyr* 基因家族的基因结构及序列分析

利用生物信息学分析方法，借助虾夷扇贝全基因组和转录组信息，对虾夷扇贝 24 个 *Tyr* 基因进行基因结构及序列特征的分析（表 7-2、表 7-3）。虾夷扇贝 *Tyr* 基因家族的基因长度分布范围为 2 961～34 929 bp，cDNA 长度为 1 250～4 557 bp；基因结构中包含外显子的数目为 3～6 个，内含子的数目为 2～5 个；利用 ORF Finder 软件，预测各 *Tyr* 基因的开放阅读框（ORF），其长度范围为 1 131～2 823 bp，编码氨基酸的长度为 376～940 aa；利用 Compute pl/Mw tool 软件，分析各 *Tyr* 基因所编码蛋白质的分子质量为 43.704～105.102 kDa，等电点为 5.43～10.49；使用软件 Geneious 软件对 24 个 Tyr 蛋白的二级结构进行预测，其中 α 螺旋（alpha helix）的个数为 7～29，β 折叠（beta strand）的个数为 24～72，卷曲（coil）的个数为 38～90，转角（turn）的个数为 39～100（如图 7-2，以 Pytyr1 为例）。

表 7－1　虾夷扇贝 *Tyr* 基因家族的全基因组鉴定情况

基因簇	基因	scaffold	起始位点	终止位点	长度	方向	基因 ID	转录本 ID	蛋白质 ID
cluter1	*Pytyr 1*	NW_018404083. 1	50 344	53 888	3 544	—	110463727	XM_021518550. 1	XP_021374225. 1
	Pytyr 2	NW_018404083. 1	61 152	64 113	2 961	—	110463737	XM_021518562. 1	XP_021374237. 1
	Pytyr 3	NW_018404083. 1	843 614	854 986	11 372	—	110463428	XM_021518024. 1	XP_021373699. 1
	Pytyr 4	NW_018404083. 1	972 724	980 539	7 815	—	110463442	XM_021518057. 1	XP_021373732. 1
	Pytyr 5	NW_018404083. 1	987 938	995 057	7 119	—	110463628	XM_021518414. 1	XP_021374089. 1
	Pytyr 6	NW_018404083. 1	1 057 408	1 063 013	5 605	—	110463665	XM_021518462. 1	XP_021374137. 1
	Pytyr 7	NW_018404083. 1	1 070 116	1 075 343	5 227	—	110463673	XM_021518481. 1	XP_021374156. 1
	Pytyr 8	NW_018404083. 1	1 086 644	1 092 187	5 543	—	110463689	XM_021518490. 1	XP_021374165. 1
	Pytyr 9	NW_018404083. 1	1 094 785	1 098 431	3 646	—	110463453	XM_021518068. 1	XP_021373743. 1
	Pytyr 10	NW_018404083. 1	1 121 135	1 128 334	7 199	—	110463699	XM_021518502. 1	XP_021374177. 1
cluter2	*Pytyr 11*	NW_018406666. 1	17 374	21 135	3 761	+	110452398	XM_021500897. 1	XP_021356572. 1
	Pytyr 12	NW_018406666. 1	48 773	52 258	3 485	+	110452397	XM_021500896. 1	XP_021356571. 1
	Pytyr 13	NW_018406666. 1	55 909	61 814	5 905	+	110452392	XM_021500892. 1	XP_021356567. 1
cluter3	*Pytyr 14*	NW_018408776. 1	200 218	211 890	11 672	+	110463382	XM_021517919. 1	XP_021373594. 1
	Pytyr 15	NW_018408776. 1	240 348	247 219	6 871	—	110463381	XM_021517916. 1	XP_021373591. 1
cluter4	*Pytyr 16*	NW_018404203. 1	20 972	55 901	34 929	—	110440429	XM_021483508. 1	XP_021339183. 1
cluter5	*Pytyr 17*	NW_018405619. 1	79 565	86 651	7 086	+	110449337	XM_021496119. 1	XP_021351794. 1
cluter6	*Pytyr 18*	NW_018408917. 1	1 068 169	1 080 292	12 123	—	110467506	XM_021524710. 1	XP_021380385. 1
cluter7	*Pytyr 19*	NW_018408893. 1	469 011	475 780	6 769	+	110466283	XM_021522689. 1	XP_021378364. 1
cluter8	*Pytyr 20*	NW_018406224. 1	156 225	161 262	5 037	—	110451093	XM_021498952. 1	XP_021354627. 1
cluter9	*Pytyr 21*	NW_018407237. 1	148 812	174 611	25 799	+	110454385	XM_021503857. 1	XP_021359532. 1
cluter10	*Pytyr 22*	NW_018406955. 1	63 582	97 253	33 671	—	110453302	XM_021502192. 1	XP_021357867. 1
cluter11	*Pytyr 23*	NW_018479873. 1	63 308	83 193	19 885	—	110441431	XM_021484560. 1	XP_021340235. 1
cluter12	*Pytyr 24*	NW_018406970. 1	1 830 832	1 839 606	8 774	+	110453410	XM_021502347. 1	XP_021358022. 1

表 7-2　虾夷扇贝 *Tyr* 基因家族基因结构及序列特征

基因名	cDNA (bp)	外显子数目	内含子数目	5′UTR (bp)	3′UTR (bp)	ORF (bp)	氨基酸长度 (aa)	蛋白质分子质量 (kDa)	等电点
Pytyr 1	2 238	3	2	—	—	2 238	745	85.056	9.66
Pytyr 2	1 250	3	2	—	41	1 209	402	45.372	10.34
Pytyr 3	2 178	4	3	106	11	2 061	686	78.333	8.34
Pytyr 4	2 309	5	4	142	22	2 145	714	80.084	8.12
Pytyr 5	2 159	5	4	25	94	2 040	679	76.825	8.79
Pytyr 6	3 108	4	3	83	919	2 106	701	78.935	9.17
Pytyr 7	2 432	5	4	84	158	2 190	729	81.950	9.43
Pytyr 8	2 495	4	3	72	311	2 112	703	77.924	9.10
Pytyr 9	2 388	3	2	79	173	2 136	711	81.232	8.52
Pytyr 10	2 919	4	3	106	176	2 637	878	98.010	9.34
Pytyr 11	1 898	4	3	95	333	1 470	489	55.563	9.93
Pytyr 12	1 781	4	3	125	174	1 482	493	56.420	9.76
Pytyr 13	2 511	4	3	455	451	1 605	534	61.135	9.31
Pytyr 14	2 153	5	4	33	194	1 926	641	73.922	5.43
Pytyr 15	2 146	5	4	—	109	2 037	678	77.015	6.79
Pytyr 16	2 425	4	3	173	1 121	1 131	376	43.704	9.50
Pytyr 17	1 927	4	3	172	117	1 638	545	63.122	10.49
Pytyr 18	4 557	6	5	224	1 708	2 625	874	100.418	9.03
Pytyr 19	3 647	4	3	101	1 584	1 926	653	75.267	6.49
Pytyr 20	2 413	4	3	99	370	1 944	647	74.737	8.84
Pytyr 21	2 559	5	4	182	124	2 253	750	84.242	8.62
Pytyr 22	3 253	6	5	146	317	2 790	929	105.102	6.73
Pytyr 23	3 006	6	5	23	160	2 823	940	103.942	7.91
Pytyr 24	2 738	6	5	514	913	1 311	436	49.713	6.22

表 7-3　虾夷扇贝 *Tyr* 基因家族蛋白质二级结构特点

蛋白名	α螺旋	β折叠	卷曲	转角
Pytyr1	26	42	68	84
Pytyr2	7	30	46	49
Pytyr3	18	48	58	69
Pytyr4	18	58	68	72
Pytyr5	21	49	60	74
Pytyr6	23	61	70	74
Pytyr7	19	61	72	81
Pytyr8	20	48	71	69
Pytyr9	21	51	61	73
Pytyr10	24	64	84	77

（续）

蛋白名	α螺旋	β折叠	卷曲	转角
Pytyr11	8	35	48	58
Pytyr12	19	36	40	48
Pytyr13	22	36	52	65
Pytyr14	20	42	61	75
Pytyr15	20	47	55	71
Pytyr16	13	24	38	43
Pytyr17	19	43	62	62
Pytyr18	29	52	80	94
Pytyr19	26	38	52	60
Pytyr20	24	38	50	59
Pytyr21	22	61	59	76
Pytyr22	24	51	87	100
Pytyr23	25	72	90	99
Pytyr24	19	26	40	39

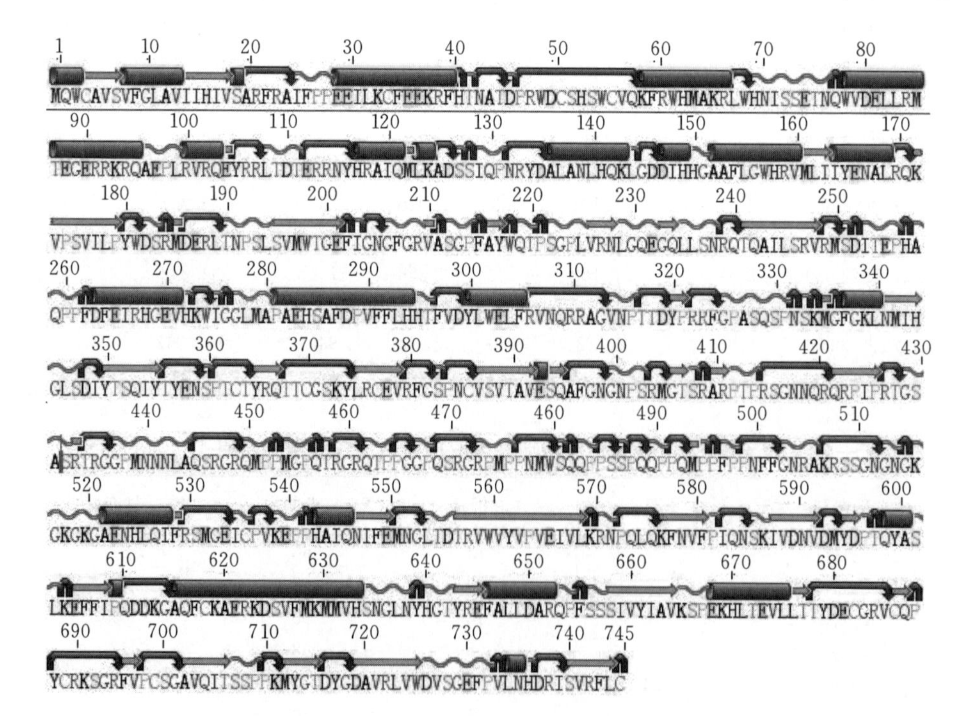

图 7-2　虾夷扇贝 Pytyr1 蛋白质的二级结构

（圆筒：α螺旋；箭头：β折叠片；波浪线：卷曲螺旋；弧形箭头：转角）

利用 SMART 软件对虾夷扇贝各个 Tyr 蛋白保守结构域的预测及比较分析发现，每个 *Tyr* 基因编码的氨基酸序列中至少包含一个酪氨酸酶结构域（Pfam：tyrosinase)，均包含 Cu（A）和 Cu（B）两个保守功能域，多序列比对发现 Cu（A）和 Cu（B）结合位点高度保守，且每个结构域各含有三个保守的组氨酸（图 7-3）。

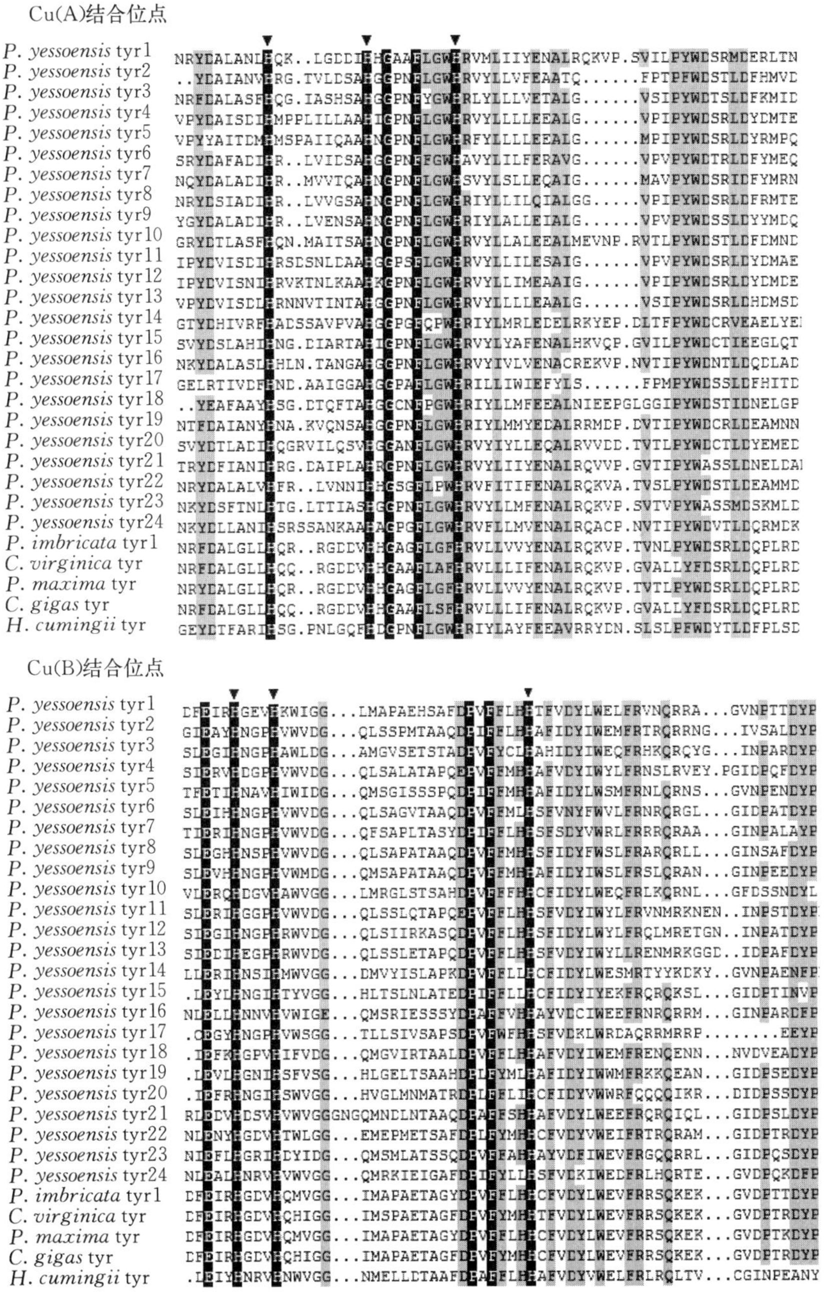

```
Cu(A)结合位点
P. yessoensis tyr1   NRYDALANLHQK..LGDDIHHGAAFLGWHRVMLIIYENALRQKVP.SVILPYWDSRMDERLTN
P. yessoensis tyr2   ..YDAIANVHRG.TVLDSAHGGPNFLGWHRVYLLVFEAATQ......FPTPFWDSTLDFHMVD
P. yessoensis tyr3   NRFDALASFHQG.IASHSAHGGPNFYGWHRLYLLLVETALG......VSIPYWDTSLDFKMID
P. yessoensis tyr4   VPYDAISDIHMPPLILLAAHIGPNFLGWHRVYLLLLEEALG......VPIPYWDSRLDYDMTE
P. yessoensis tyr5   VPYYAITDMHMSPAIIQAAHNGPNFLGWHRFYLLLLEEALG......MPIPYWDSRLDYRMPQ
P. yessoensis tyr6   SRYDAFADIHR..LVIDSAHGGPNFFGWHAVYLILFERAVG......VPVPYWDTRLDFYMEQ
P. yessoensis tyr7   NQYDALADIHR..MVVTQAHNGPNFLGWHSVYLSLLEQAIG......MAVPYWDSRIDFYMRN
P. yessoensis tyr8   NRYDSIADIHR..LVVGSAHNGPNFLGWHRIYLLILQIALGG.....VPIPYWDSRLDFRMTE
P. yessoensis tyr9   YGYDALADIHR..LVENSAHNGPNFLGWHRIYLALLEIALG......VPVPYWDSSLDYYMDQ
P. yessoensis tyr10  GRYDTLASFHQN.MAITSAHNGPNFLGWHRVYLLALEEALMEVNP.RVTLPYWDSTLDFDMND
P. yessoensis tyr11  IPYDVISDIHRSDSNLDAAHGGPSFLGWHRVYLLILESAIG......VPVPYWDSRLDYDMAE
P. yessoensis tyr12  IPYDVISNIHRVKTNLKAAHKGPNFLGWHRVYLLIMEAAIG......VPIPYWDSRLDYDMDE
P. yessoensis tyr13  VPYDVISDLHRNNVTINTAHGGPNFLGWHRVYLLLLEAALG......VSIPYWDSRLDHDMSD
P. yessoensis tyr14  GTYDHIVRFHADSSAVPVAHGGPGFQPWHRIYLMRLEDELRKYEP.DLTFPYWDCRVEAELYE
P. yessoensis tyr15  SVYDSLAHIHNG.DIARTAHIGPNFLGWHRVYLYAFENALHKVQP.GVILPYWDCTIEEGLQT
P. yessoensis tyr16  NKYDALASLHHLN.TANGAHGGPNFLGWHRVYIVLVENACREKVP.NVTIPYWDNTLDQDLAD
P. yessoensis tyr17  GELRTIVDFHND.AAIGGAHGGPAFLGWHRILLIWIEFYLS......FPMPYWDSSLDFHITD
P. yessoensis tyr18  ..YEAFAAYHSG.DTQFTAHGGCNFPGWHRIYLLMFEEALNIEEPGLGGIPYWDSTIDNELGP
P. yessoensis tyr19  NTFDAIANYHNA.KVQNSAHGGPNFLGWHRIYLMMYEDALRRMDP.DVTIPYWDCRLDEAMNN
P. yessoensis tyr20  SVYDTLADIHQGRVILQSVHGGANFLGWHRVYIYLLEQALRVVDD.TVTLPYWDCTLDYEMED
P. yessoensis tyr21  TRYDFIANIHRG.DAIPLAHRGPNFLGWHRVYLIIYENALRQVVP.GVTIPYWASSLDNELDA
P. yessoensis tyr22  NRYDALALVHFR..LVNNIHHGSGFLPWHRVFITIFENALRQKVA.TVSLPYWDSTLDEAMMD
P. yessoensis tyr23  NKYDSFTNLHTG.LTTIASHGGPNFLGWHRVYLLMFENALRQKVP.SVTVPYWASSMDSKMLD
P. yessoensis tyr24  NKYDLLANIHSRSSANKAAHAGPGFLGWHRVFLLMVENALRQACP.NVTIPYWDVTLDQRMDK
P. imbricata tyr1    NRFDALGLLHQR..RGDDVHHGAGFLGFHRVLLVVYENALRQKVP.TVNLPYWDSRLDQPLRD
C. virginica tyr     NRFDALGLLHQQ..RGDDVHHGAAFLAFHRVLLLIFENALRQKVP.GVALLYFDSRLDQPLRD
P. maxima tyr        NRYDALGLLHQR..RGDDVHHGAGFLGFHRVLLVVYENALRQKVP.TVTLPYWDSRLDQPLRD
C. gigas tyr         NRFDALGLLHQQ..RGDDVHHGAAFLSFHRVLLLIFENALRQKVP.GVALLYFDSRLDQPLRD
H. cumingii tyr      GEYDTFARIHSG.PNLGQFHDGPNFLGWHRIYLAYFEEAVRRYDN.SLSLPFWDYTLDFPLSD

Cu(B)结合位点
P. yessoensis tyr1   DFDIRHGEVHKWIGG...LMAPAEHSAFDPVFFLHHTFVDYLWELFRVNQRRA...GVNPTTDYP
P. yessoensis tyr2   GIDAYHNGPHVWVDG...QLSSPMTAAQDPIFFLHHAFIDYIWEMFRTRQRRNG...IVSALDYP
P. yessoensis tyr3   SLDGIHNGPHAWLDG...AMGVSETSTADPVFYCLHAHIDYIWEQFRHKQRQYG...INPARDYP
P. yessoensis tyr4   SIDRVHDGPHVWVDG...QLSALATAPQEPVFFMHHAFVDYIWYLFRNSLRVEY.PGIDPQFDYP
P. yessoensis tyr5   TFDTIHNAVHIWIDG...QMSGISSSPQDPIFFMHHAFIDYLWSMFRNLQRNS...GVNPENDYP
P. yessoensis tyr6   SLDIHHNGPHVWVDG...QLSAGVTAAQDPVFFMLHSFVNYFWVLFRNRQRGL...GIDPATDYP
P. yessoensis tyr7   TIDRIHNGPHVWVDG...QFSAPLTASYDPIFFLHHSFSDYVWRLFRRRQRAA...GINPALAYP
P. yessoensis tyr8   SLDGHHNSPHVWVDG...QLSAPATAAQDPVFFMHHSFIDYFWSLFRARQRLL...GINSAFDYP
P. yessoensis tyr9   SLDVHHNGPHVWMDG...QMSAPATAAQDPVFFMHHAFIDYIWSLFRSLQRAN...GINPEEDYP
P. yessoensis tyr10  VLDRQHDGVHAWVGG...LMRGLSTSAHDPVFFFHHCFIDYLWEQFRLKQRNL...GFDSSNDYL
P. yessoensis tyr11  SLDRIHGGPHVWVDG...QLSSLQTAPQEPVFFLHHSFVDYIWYLFRVNMRKNEN..INPSTDYP
P. yessoensis tyr12  SIDGIHNGPHRWVDG...QLSIIRKASQDPVFFLHHSFIDYLWYLFRQLMRETGN..INPATDYP
P. yessoensis tyr13  SIDDIHEGPHRWVDG...QLSSLETAPQDPVFFLHHSFVDYIWYLLRENMRKGGD..IDPAFDYP
P. yessoensis tyr14  LLDRIHNSIHMWVGG...DMVYISLAPKDPVFFLLHCFIDYLWESMRTYYKDKY..GVNPAENFP
P. yessoensis tyr15  .LDYLHNGIHTYVGG...HLTSLNLATEDPIFFLLHCFIDYIYEKFRQRQKSL...GIDPTINVP
P. yessoensis tyr16  NLDLLHNNVHVWIGE...QMSRIESSSYDPAFFVHHAYVDCIWEEFRNRQRRM...GINPARDFP
P. yessoensis tyr17  .QDGYHNGPHVWSGG...TLLSIVSAPSDPVFWFHHSFVDKLWRDAQRRMRRP.......EEYP
P. yessoensis tyr18  .IDFKHGPVHIFVDG...QMGVIRTAALDPVFFLHHAFVDYIWEMFRENQENN...NVDVEADYP
P. yessoensis tyr19  .LDVLHGNIHSFVSG...HLGELTSAAHDPLFYMLHAFIDYIWWMFRKKQEAN...GIDPSEDYP
P. yessoensis tyr20  .IDFRHNGIHSWVGG...HVGLMNMATRDPLFFLIHCFIDYVWWRFQQQQIKR...DIDPSSDYP
P. yessoensis tyr21  RLDDVHDSVHVWVGGGNGQMNDLNTAAQDPAFFSHHAFVDYLWEEFRQRQIQL...GIDPSLDYP
P. yessoensis tyr22  NLDNYHGDVHTWLGG...EMEPMETSAFDPLFYMHHCFVDYVWEIFRTRQRAM...GIDPTRDYP
P. yessoensis tyr23  NIDFLHGRIHDYIDG...QMSMLATSSQDPVFFAHHAYVDFIWEVFRGQQRRL...GIDPQSDYP
P. yessoensis tyr24  NLDALHNRVHVWVGG...QMRKIEIGAFDPIFYLLHSFVDKIWEDFRLHQRTE...GVDPQKDFP
P. imbricata tyr1    DFDIRHGDVHQMVGG...IMAPAETAGYDPVFFLHHCFVDYLWEVFRRSQKEK...GVDPTTDYP
C. virginica tyr     DFDIRHGDVHQHIGG...IMSPAETAGFDPVFYMHHTFVDYLWEVFRRSQKEK...GVDPTRDYP
P. maxima tyr        DFDIRHGDVHQMVGG...IMAPAETAGYDPVFFLHHCFVDYLWEVFRRSQKEK...GVDPTKDYP
C. gigas tyr         DFDIRHGDVHQHIGG...IMAPAETAGFDPVFYMHHCFVDYLWEVFRRSQKEK...GVDPTRDYP
H. cumingii tyr      .LDIYHNRVHNWVGG...NMELLDTAAFDPAFFLHHAFVDYVWELFRLRQLTV...CGINPEANY
```

图 7-3　Tyr 蛋白 Cu（A）和 Cu（B）功能域多序列比对

此外，绝大部分 Tyr 蛋白还包含一个信号肽（signal peptide）（Pytyr2、Pytyr9、Pytyr24 除外），在 Pytyr9 的 N 端预测到两个跨膜结构域，表明 *Tyr* 基因家族的不同成员很可能在不同的细胞位置发挥功能。虾夷扇贝 *Tyr* 基因家族蛋白质保守功能域预测如图 7－4 所示。

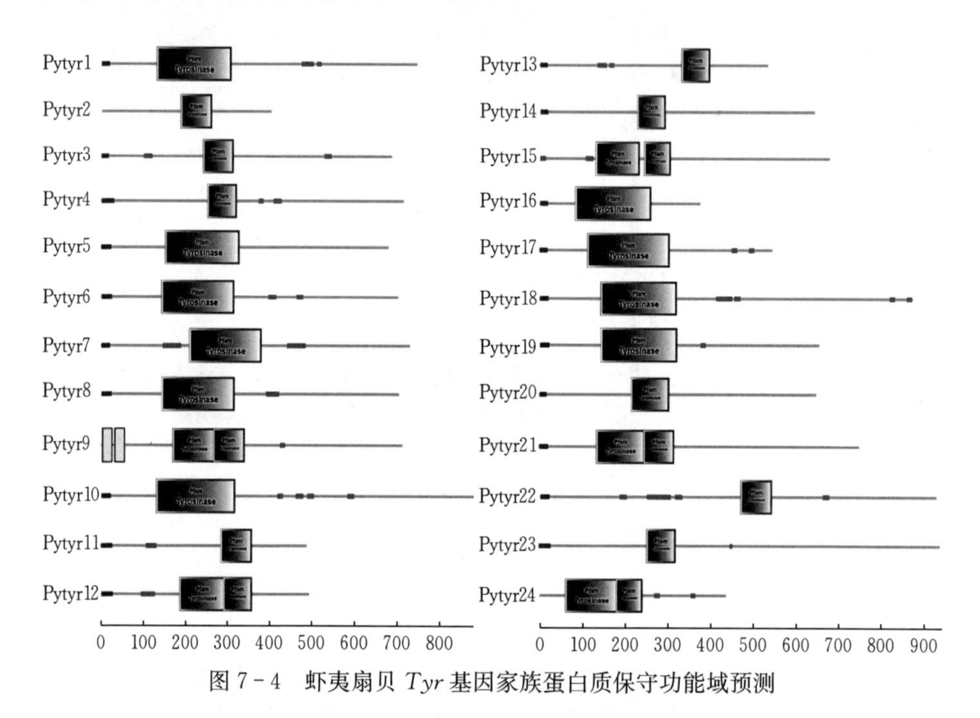

图 7－4　虾夷扇贝 *Tyr* 基因家族蛋白质保守功能域预测

（3）虾夷扇贝 *Tyr* 基因家族的系统进化分析

Tyr 基因在双壳贝类中存在普遍而显著的基因扩张现象，如通过对一些已获得全基因组序列的其他双壳贝类的筛查发现，在栉孔扇贝中找到具有完整保守功能域的 *Tyr* 基因 20 个，在紫扇贝中有 23 个，长牡蛎中 20 个，美洲牡蛎中存在更多，为 33 个，而在虾夷扇贝中存在 24 个 *Tyr* 基因。利用 MEGA 软件对这些物种中的 *Tyr* 基因进行系统进化的分析，以探讨 *Tyr* 基因的起源进化。采用邻接法（NJ）构建系统进化树，Bootstrapping 重复 5 000 次。如图 7－5 所示，进化树共分成 6 大枝，虾夷扇贝的 24 个 *Tyr* 基因分布在其中的 4 枝上，其中 *Pytyr2*、*Pytyr3*、*Pytyr4*、*Pytyr5*、*Pytyr6*、*Pytyr7*、*Pytyr8*、*Pytyr9*、*Pytyr11*、*Pytyr12*、*Pytyr13* 和 *Pytyr17* 聚为一大枝（Group 1），*Pytyr1*、*Pytyr16*、*Pytyr18*、*Pytyr21*、*Pytyr22*、*Pytyr23*、*Pytyr24* 聚为一大枝（Group 2），*Pytyr14*、*Pytyr15*、*Pytyr19* 和 *Pytyr20* 聚为一大枝（Group 3），*Pytyr10* 单独聚为一小枝（Goup 4），此外，进化树还包括来自两种牡蛎的 *Tyr* 基因分别聚成的一大枝（Group 5）和一小枝（Goup 6），每一枝中虾

夷扇贝 *Tyr* 基因间及其与其他物种间表现出的亲缘关系不同，不同分枝的 *Tyr* 基因很可能来自不同的祖先基因。

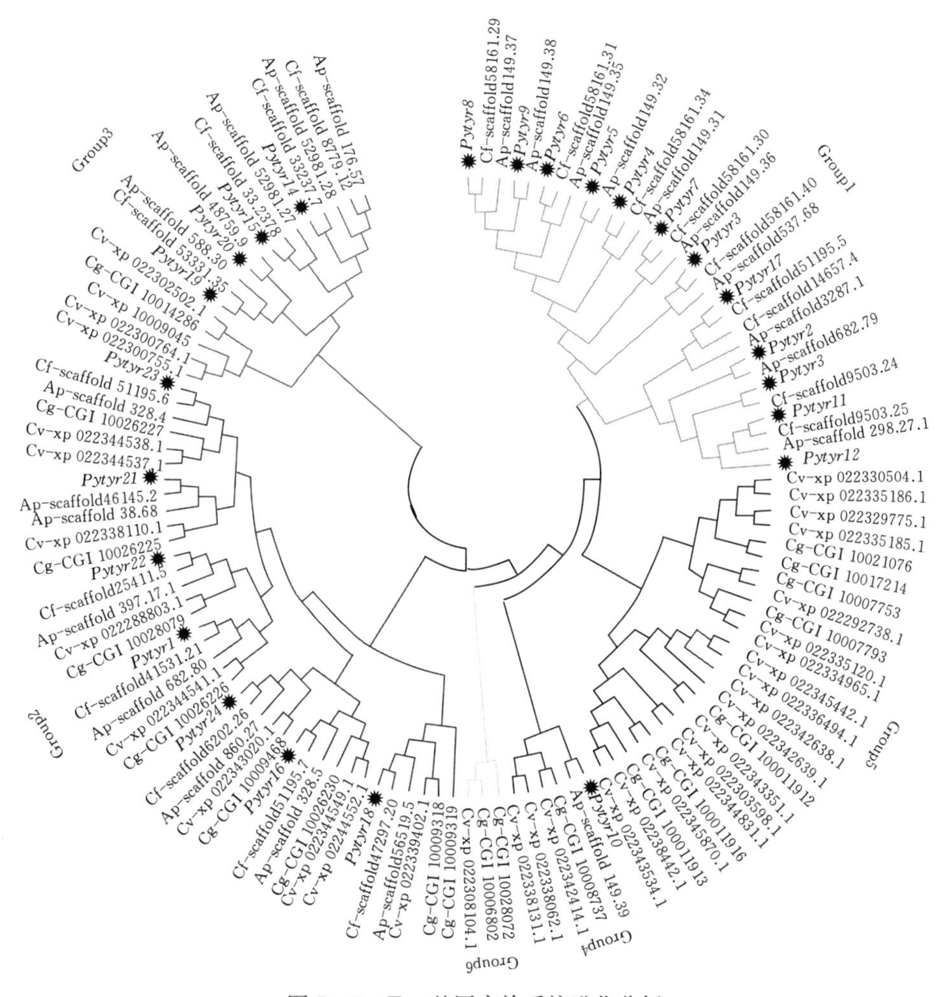

图 7-5　*Tyr* 基因家族系统进化分析

Group1 中聚集的是来自扇贝科三种扇贝的 *Tyr* 基因，各个 *Tyr* 先分别在三种扇贝中聚集，然后不同的 *Tyr* 再聚集在一起汇成一大枝，这些 *Tyr* 基因很可能来自扇贝共同祖先基因的复制事件，其中虾夷扇贝的 *Pytyr12* 独立存在，有可能是虾夷扇贝所特有的新进化出的 *Tyr* 基因；Group5 则只包含来自牡蛎科两种牡蛎的 *Tyr* 基因，它们很可能来自牡蛎共同祖先基因的复制事件；随后 Group1 和 Group5 汇集，它们由一个共同的祖先 *Tyr* 基因（*TYR1*）进化而来。类似的情况在 Group 3 中同样存在，由另一个祖先 *Tyr* 基因进化产生（*TYR2*）。不同于 Group 1、3 和 5，Group 2 中的各 *Tyr* 基因则在 5 个物种都基本存在，且是所有物种先聚集在一起之后，不同 *Tyr* 基因再聚集在一起，即种间的相似性高于种内，表明这些 *Tyr* 基因在原始祖先基因组里已发生复制，并在物种分化过程中得以继承，且它们之间的相似性要高于与其他 Group *Tyr* 基因间的相似性，Group 2 中的各 *Tyr* 基因很可能由同一个原始 *Tyr* 基因（*TYR3*）复制产生（*TYR3A*、*TYR3B*、*TYR3C*、*TYR3D*、*TYR3E*、*TYR3F*、*TYR3G*）。包含 *Pytyr10* 在内的各物种 *Tyr* 基因单独聚为一小枝，它们则可能起源于原始祖先中的另一个 *Tyr* 基因（*TYR4*）。由上我们可以推测，*Tyr* 基因在双壳贝类的原始祖先基因组中就已发生扩张，而随着物种的进化，在一些物种的共同节点祖先中发生多次扩张，且在最终形成的物种中仍不断有新的 *Tyr* 基因产生。该部分结果为研究 *Tyr* 基因家族起源进化提供了重要信息，而 *Tyr* 基因在贝类中明显的基因扩张现象，从另一个角度说明了其功能的重要性。

（4）虾夷扇贝 *Tyr* 基因家族的表达模式分析

利用实时荧光定量 PCR 技术分别对虾夷扇贝 24 个 *Tyr* 基因在不同组织、不同壳色个体中的表达规律进行了分析（图 7-6、图 7-7）。为了进一步探究 *Tyr* 基因在贝壳修复形成及免疫中的功能，还分析了 24 个 *Tyr* 基因在感染才女虫的虾夷扇贝中的表达变化情况（图 7-8）。才女虫病是虾夷扇贝养殖中较为常见的病害，才女虫主要寄生在活体扇贝的贝壳中，通过化学腐蚀和机械摩擦在贝壳上穿凿孔洞，进行寄生生活，严重破坏了贝壳结构，扇贝会对壳进行补偿修复而在壳内表面形成增生突起；其次，当才女虫穿透贝壳，会直接侵染扇贝软体部，引发炎症，并使扇贝易受细菌感染，引起扇贝产生免疫防御反应。因此，我们推测与壳形成及免疫有关的 *Tyr* 基因很可能在虾夷扇贝应答才女虫侵染过程中发挥重要作用。研究发现，大部分 *Tyr* 基因在正常成体各组织中均有不同程度的表达，证明 *Tyr* 基因家族各基因在扇贝生命活动中可能发挥着较为广泛的作用，其中，大部分 *Tyr* 基因在肝胰腺、肾中的表达量相对较高，在血淋巴以及闭壳肌中表达量相对较低。在对各基因在外套膜中表达的比较发现，*Pytyr7*、*Pytyr8*、*Pytyr22* 在边缘膜中的表达量非常高，表明其很可能参与了贝壳角质层或棱柱层的形成，受才女虫侵染后，*Pytyr7* 和 *Pytyr8* 在边缘膜的表达量显著升高，推测其可能在贝壳角质层或棱柱层修复中发挥重要作用；*Pytyr4*、*Pytyr11*、*Pytyr12*、*Pytyr16*、*Pytyr21*、*Pytyr24* 在中央膜中的表达量非常高，表明其很可能参与了贝壳珍珠层的形成，受才女虫侵染后，*Pytyr4*、*Pytyr11*、*Pytyr21* 在中央膜中的表达量显著升高，推测其可能在贝壳珍珠层修复中发挥重要作用；部分 *Tyr* 基因虽然在正常个体外套膜中的表达中等或较低，甚至不表达，但受才女虫侵染后，表达量显著升高，推测这部分基因可能通过基因剂量效应增加壳质分泌，以快速进行贝壳不同位置的修复。如：*Pytyr2*、*Pytyr6*、*Pytyr9*、*Pytyr14*、*Pytyr19*、*Pytyr20* 在患病个体边缘膜中表达显著升高，中央膜不差异或降低，推测这些基因参与了角质层或棱柱层修复；*Pytyr15* 只在中央膜中表达显著升高，边缘膜不表达，推测其参与珍珠层修复；*Pytyr3*、*Pytyr10* 在边缘膜和中央膜中表达均显著升高，*Pytyr5*、*Pytyr13*、*Pytyr18* 在边缘膜和左侧中央膜中表达显著升高，推测这部分基因可能同时参与贝壳不同壳层的修复。受才女虫侵染后，大部分 *Tyr* 基因，除 *Pytyr4*、*Pytyr12*、*Pytyr16*、*Pytyr14*、*Pytyr15* 外，均在血淋巴中表达显著升高，推测这部分基因可能通过血淋巴组织参与贝壳的修复或发生免疫应答反应。在进行 *Tyr* 基因家族在不同壳色个体中表达规律分析时发现，*Pytyr4*、*Pytyr6* 在左侧边缘膜和左侧中央膜的表达量，*Pytyr1*、*Pytyr3*、*Pytyr5*、*Pytyr7*、*Pytyr8*、*Pytyr13*、*Pytyr17*、*Pytyr19*、*Pytyr21*、*Pytyr22*、*Pytyr23*、*Pytyr24* 在左侧边缘膜的表达量及 *Pytyr11* 在左侧中央膜的表达量，褐色个体（左壳褐色）均要显著高于白色个体（左壳白色），而其他外套膜区域无显著差异，推测这部分基因很可能与虾夷扇贝壳色形成相关，且边缘膜在壳色形成过程发挥重要作用；此外，这部分基因中的 *Pytyr1*、*Pytyr4*、*Pytyr5*、*Pytyr6*、*Pytyr8*、*Pytyr11*、*Pytyr13*、*Pytyr17*、*Pytyr21*、*Pytyr22*、*Pytyr23* 在褐色个体（左壳褐色、右壳白色）左侧外套膜的表达量还显著高于右侧，推测这部分基因在形成虾夷扇贝左右不同壳色过程中发挥重要作用。本研究解析了 *Tyr* 基因家族各基因在虾夷扇贝不同组织、不同壳色及感染才女虫个体中的表达规律，探讨了 *Tyr* 基因家族在虾夷扇贝贝壳形成、修复，壳色形成及免疫应答中发挥的功能。

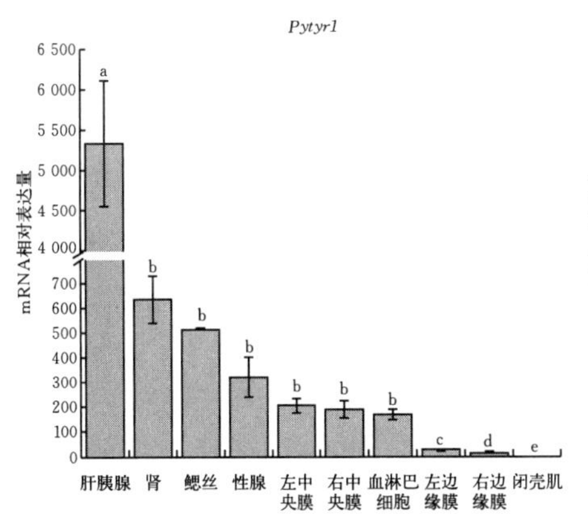

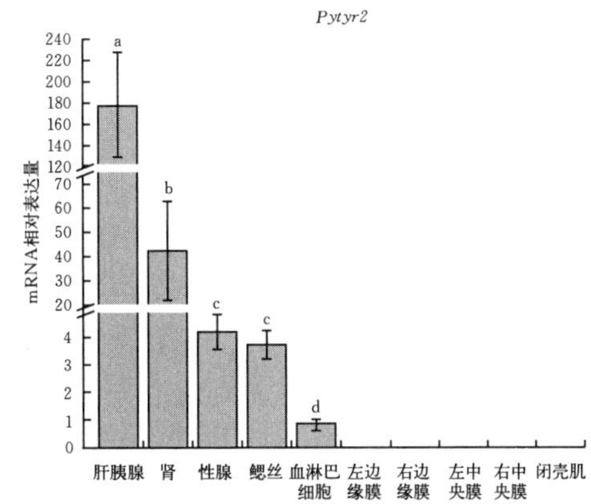

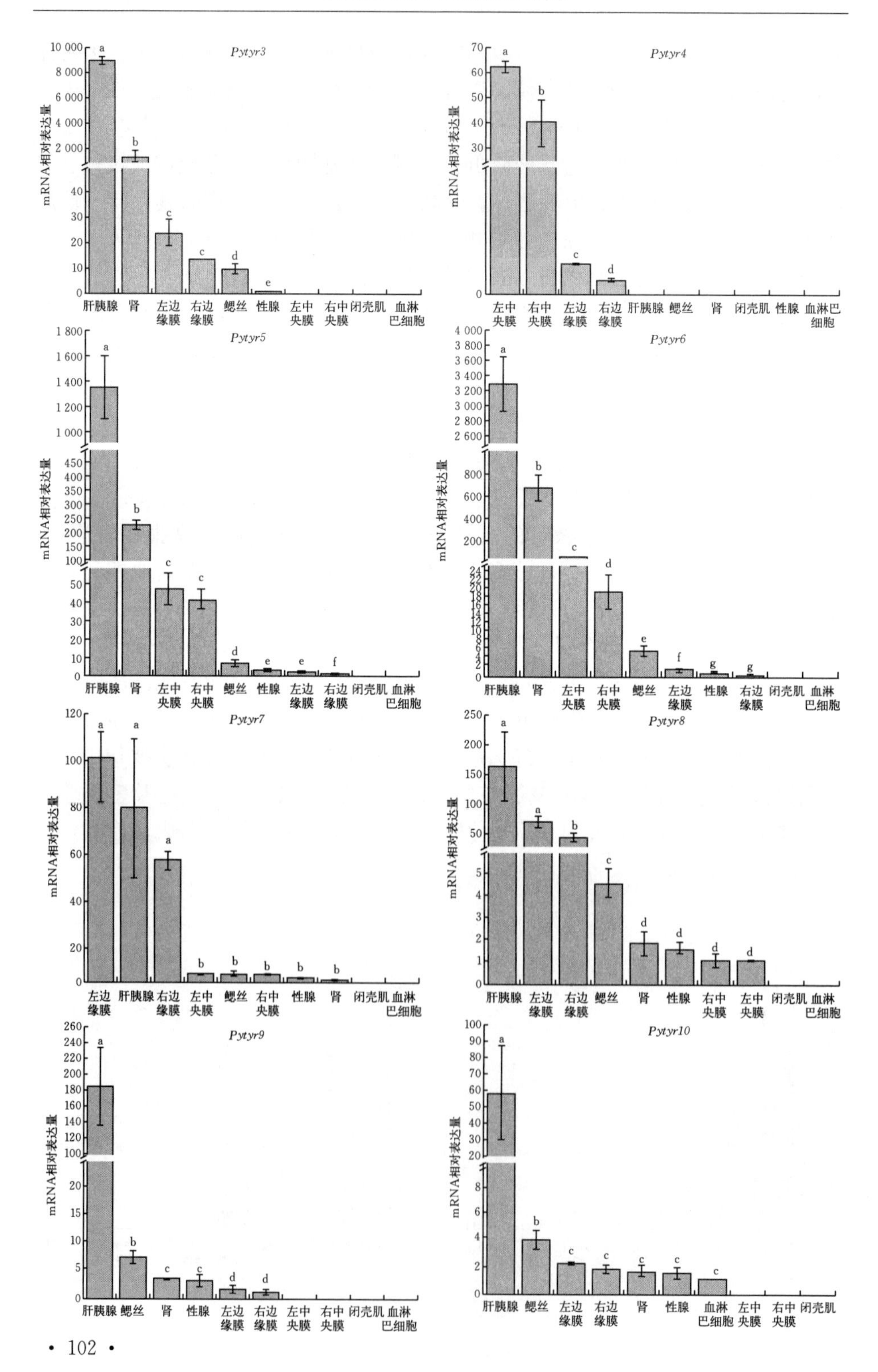
Pytyr3
Pytyr4
Pytyr5
Pytyr6
Pytyr7
Pytyr8
Pytyr9
Pytyr10
mRNA相对表达量
肝胰腺
肾
左边缘膜
右边缘膜
鳃丝
性腺
左中央膜
右中央膜
闭壳肌
血淋巴细胞

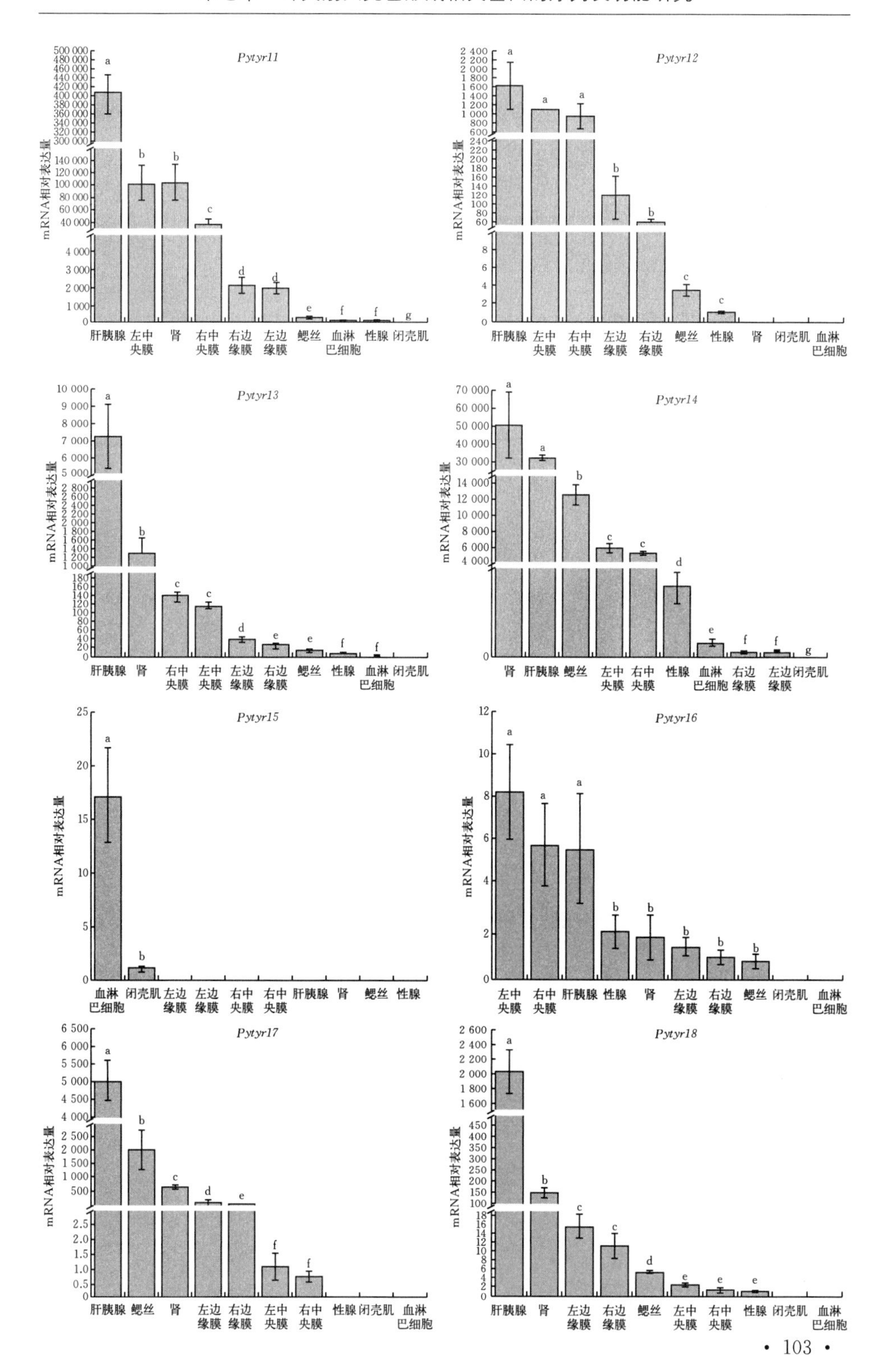

Pytyr11
Pytyr12
Pytyr13
Pytyr14
Pytyr15
Pytyr16
Pytyr17
Pytyr18
mRNA相对表达量
肝胰腺
左中央膜
肾
右中央膜
右边缘膜
左边缘膜
鳃丝
血淋巴细胞
性腺
闭壳肌

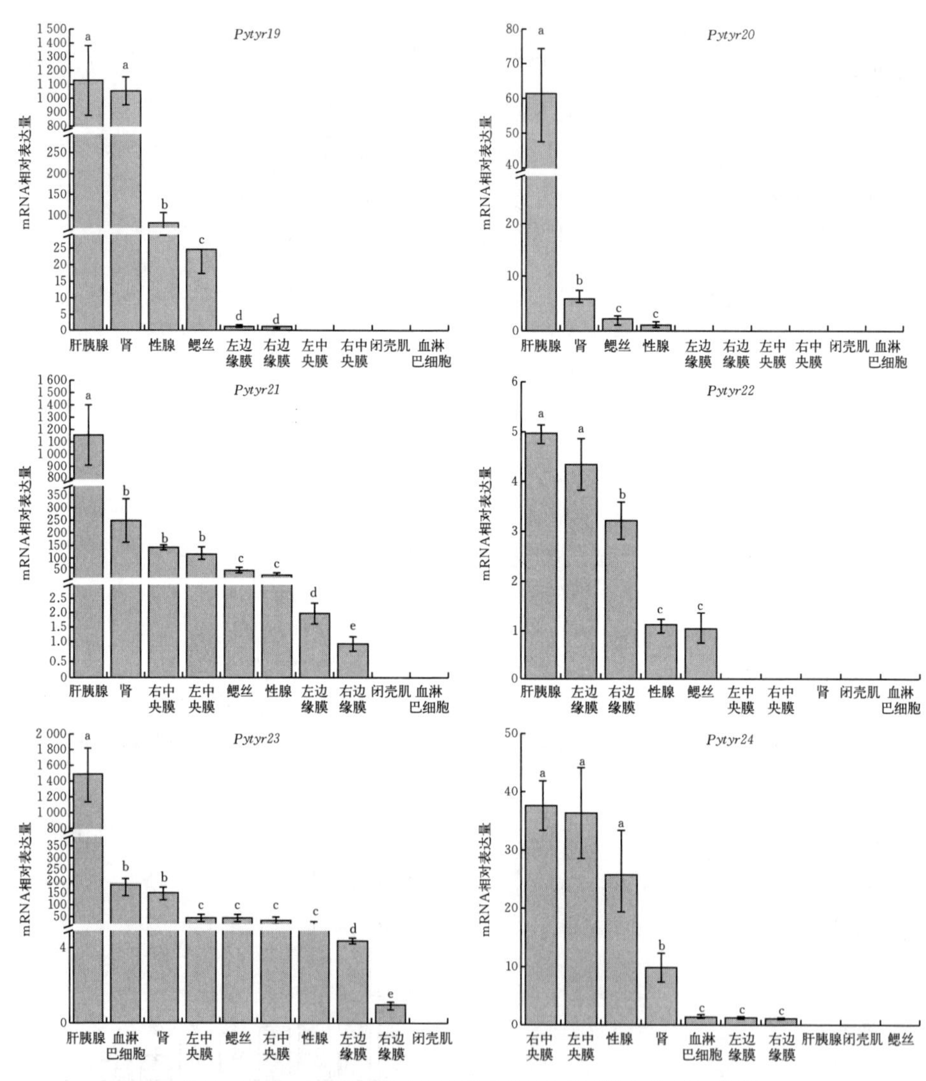

图 7-6 *Tyr* 基因家族在虾夷扇贝不同组织中的表达情况

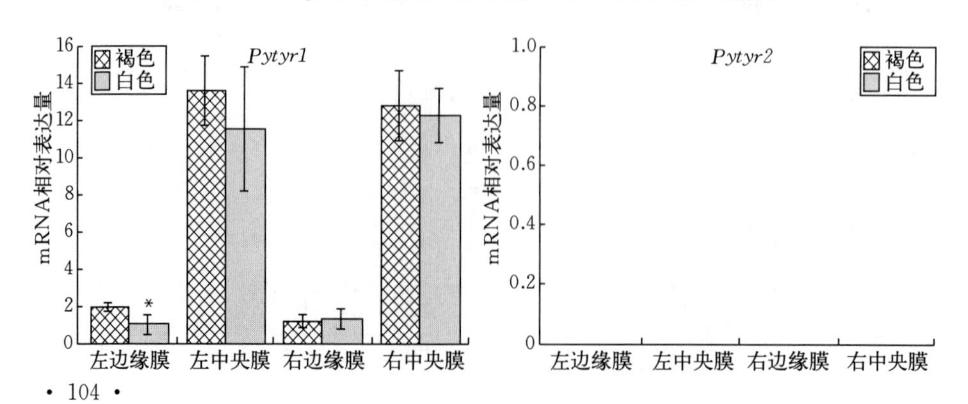

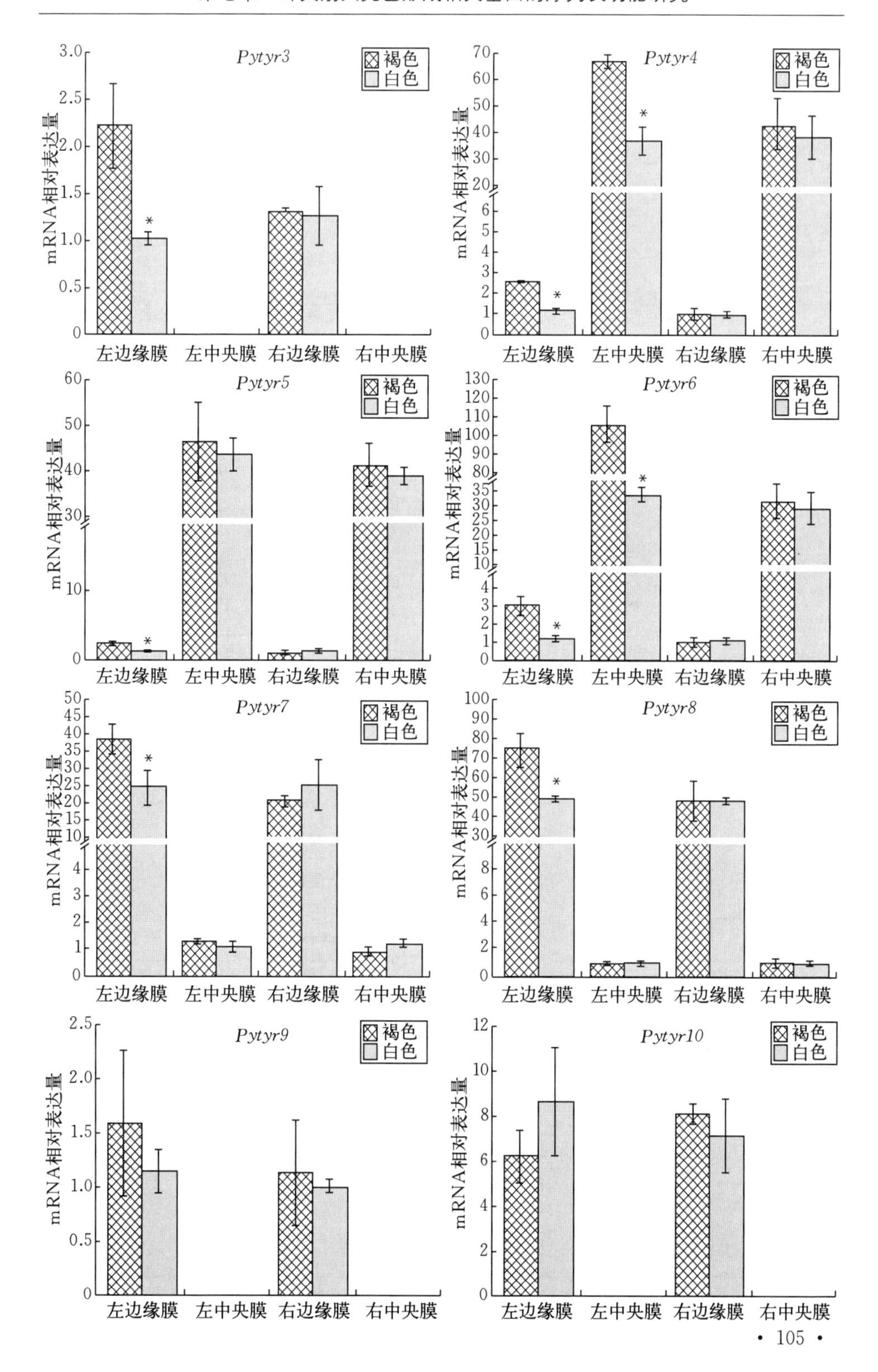
Pytyr3
Pytyr4
Pytyr5
Pytyr6
Pytyr7
Pytyr8
Pytyr9
Pytyr10
褐色
白色
mRNA相对表达量
左边缘膜
左中央膜
右边缘膜
右中央膜

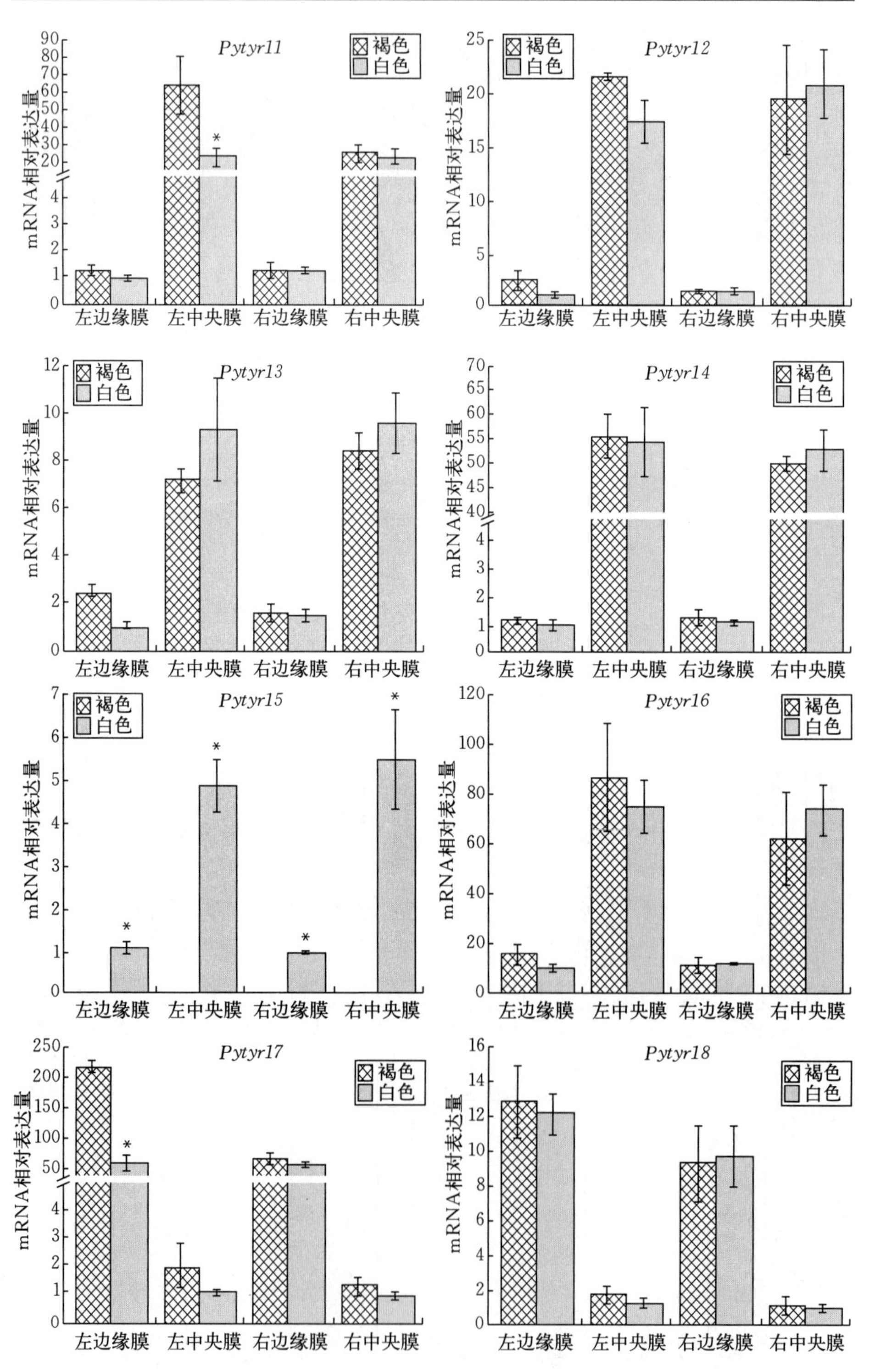
Pytyr11
Pytyr12
Pytyr13
Pytyr14
Pytyr15
Pytyr16
Pytyr17
Pytyr18
褐色
白色
mRNA相对表达量
左边缘膜
左中央膜
右边缘膜
右中央膜

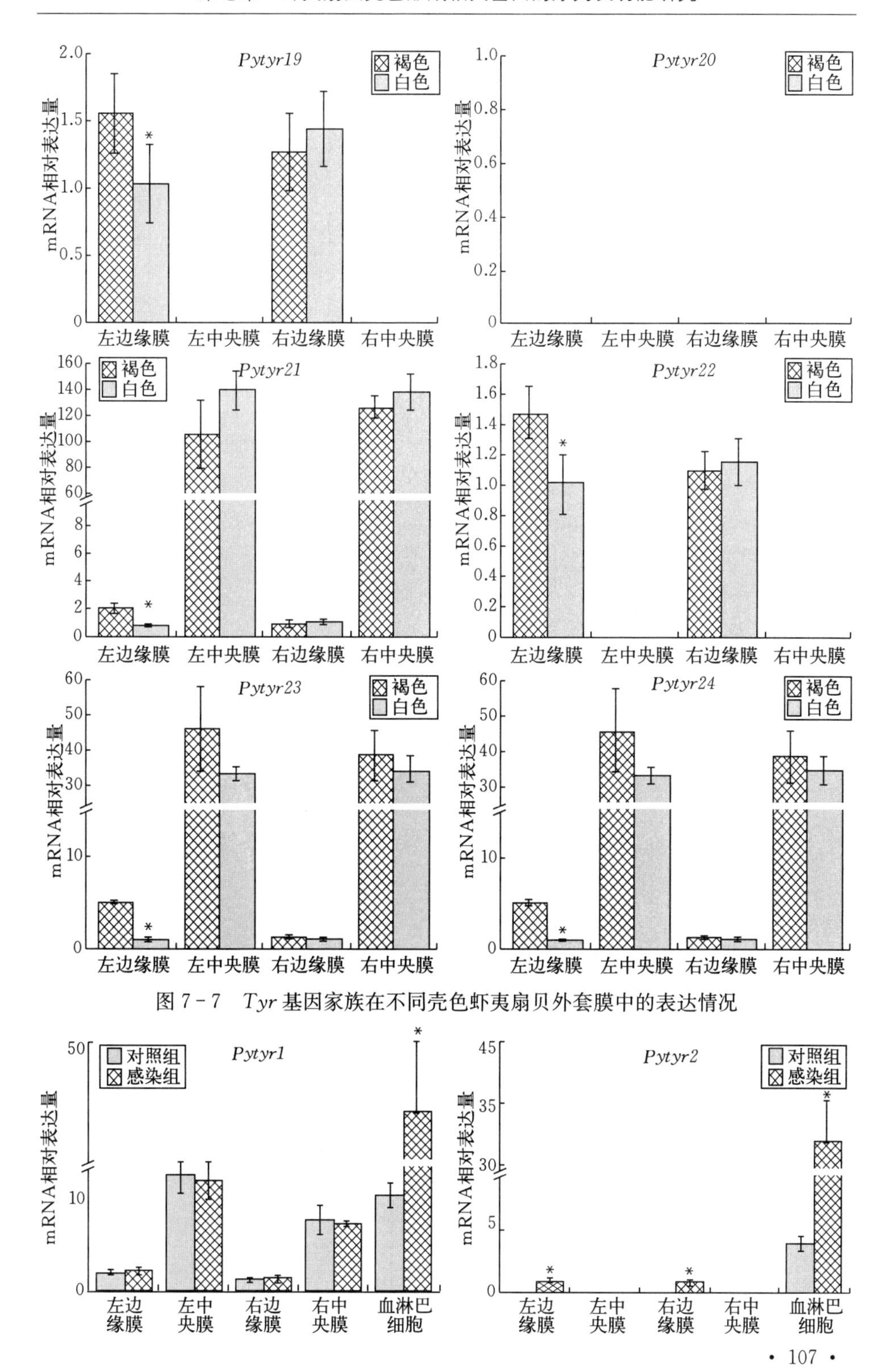

图 7-7　*Tyr* 基因家族在不同壳色虾夷扇贝外套膜中的表达情况

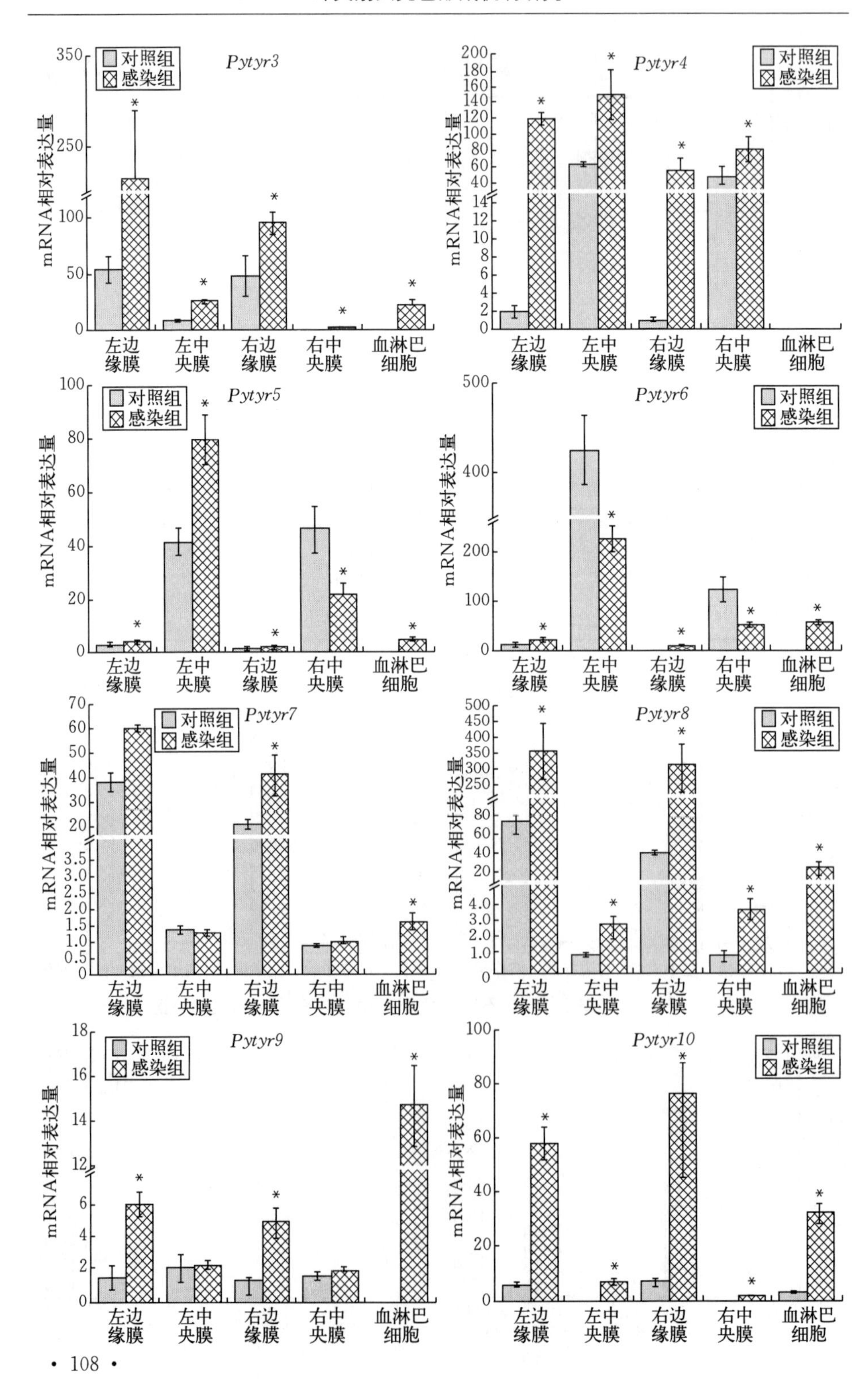
Pytyr3
Pytyr4
Pytyr5
Pytyr6
Pytyr7
Pytyr8
Pytyr9
Pytyr10
对照组
感染组
mRNA相对表达量
左边缘膜
左中央膜
右边缘膜
右中央膜
血淋巴细胞

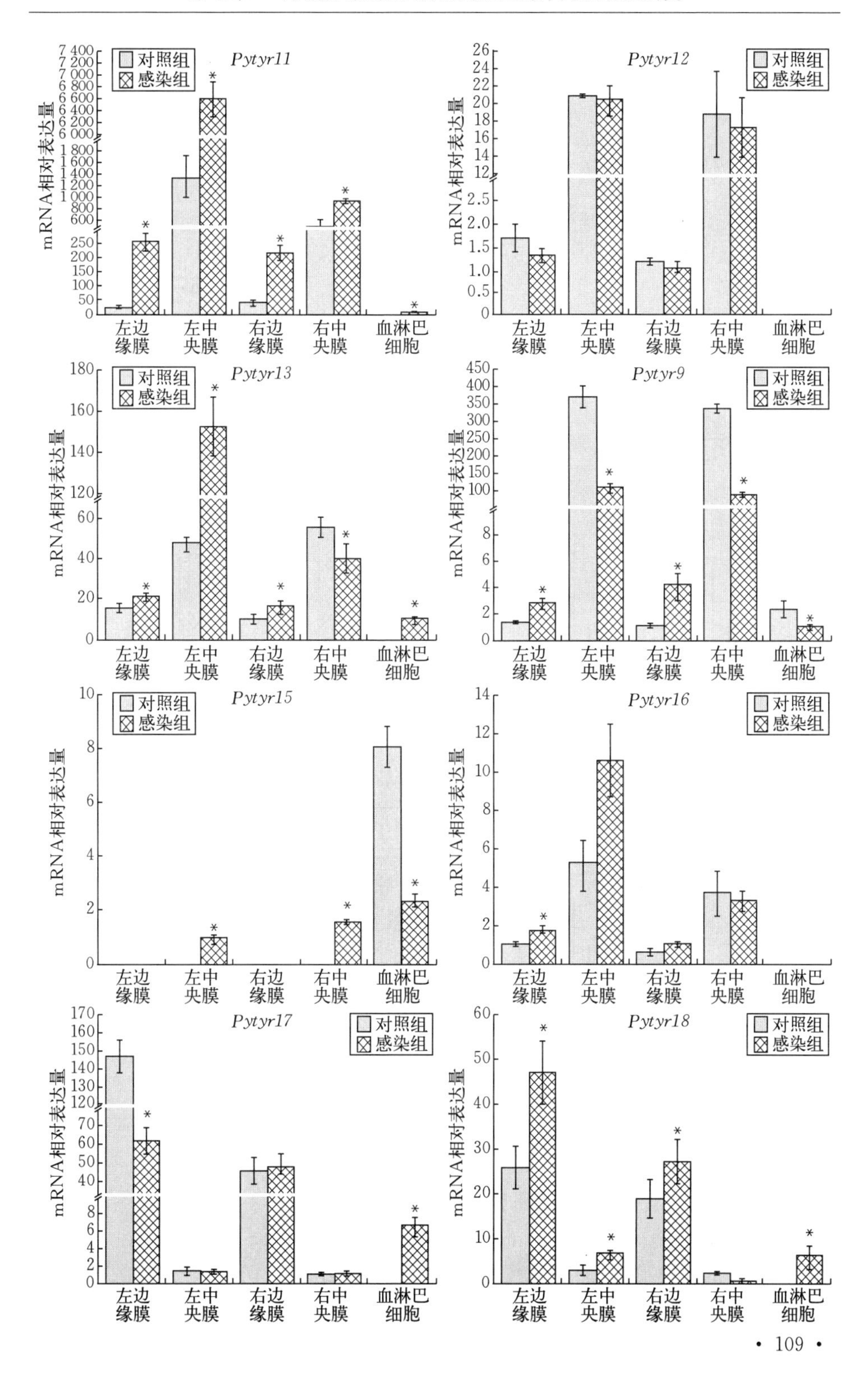
Pytyr11
Pytyr12
Pytyr13
Pytyr9
Pytyr15
Pytyr16
Pytyr17
Pytyr18
对照组
感染组
mRNA相对表达量
左边缘膜
左中央膜
右边缘膜
右中央膜
血淋巴细胞

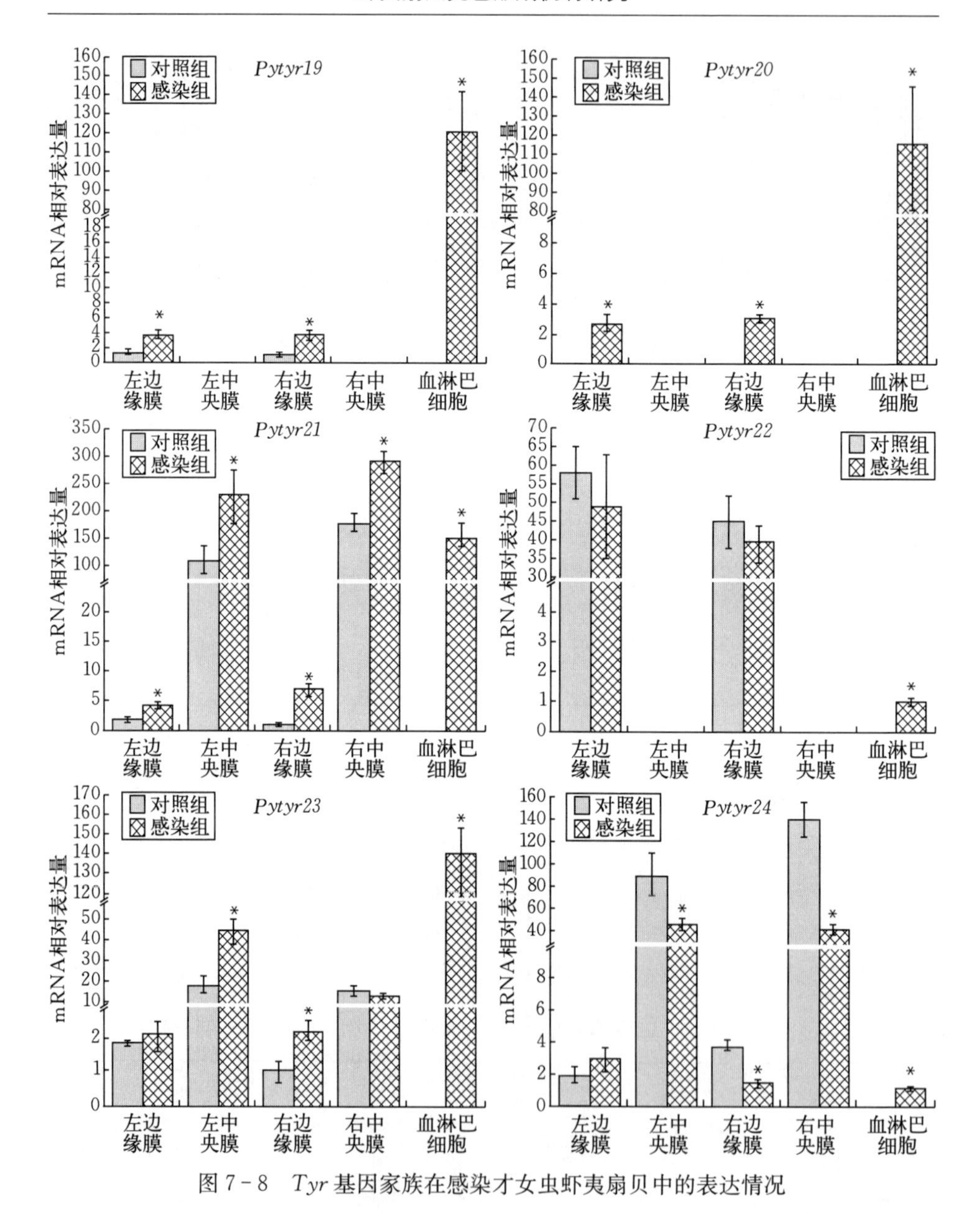

图 7-8　*Tyr* 基因家族在感染才女虫虾夷扇贝中的表达情况

（二）虾夷扇贝 *MITF* 基因

1. *MITF* 基因在贝类中的研究进展

小眼畸形相关转录因子（microphthalmia-associated transcription factor，MITF）是具有典型螺旋-环-螺旋-亮氨酸拉链结构（bHLHZip）的 TFE3、TFEB 和 TFEC 转录因子亚家族的一员，参与黑色素细胞中多个生物学过程的调控，如细胞的生存、增殖、分化、迁移和衰老等。此外，MITF还是黑色素合成中的关键调控因子，通过与色素细胞特异的 *Tyr* 基因及 *Tyrp1* 等基因启动子区域保守的 E - box（CATGTG）序列相结合，调控黑色素的合成（Vance 和 Goding，2004）。MITF在脊椎动物黑色素合成中的研究较为深入，但在贝类壳色中的研究还远远落后于脊椎动物，且大多集中在转录组学的候选基因筛查上。目前，对 *MITF* 基因较为深入的研究只在短文蛤（*M. petechialis*）中有所报道，Zhang 等（2018）在短文蛤中鉴定获得一个 *MpMITF*，其在外套膜组织中高表达，且在不同壳色中显著差异表达，蛋白质表达水平和 mRNA 相一致，通过 RNAi 技术干扰 *MpMITF* 的表达后发现，新形成的壳中壳色不连续分布，表明壳色的合成受到了干扰，证明了 *MpMITF* 与短文蛤壳色的形成密切相关。在虾夷扇贝中，通过对不同壳色及外套膜不同区域的转录组学研究发现，黑色素形成通路是壳色形成的重要通路之一，但对 *MITF* 基因在虾夷扇贝壳色形成中功能的研究还几乎未开展。

2. 虾夷扇贝 *MITF* 基因的全基因组鉴定及序列分析

（1）虾夷扇贝 *MITF* 基因的全基因组鉴定及序列分析

从 NCBI（http://www.ncbi.nlm.nih.gov）、Ensembl（http://useast.ensembl.org）、Echinobase（http://www.echinobase.org/Echinobase）和 OysterBase（http://www.oysterdb.com）数据库中下载脊椎动物和无脊椎动物不同物种的 MITF 蛋白序列，包括人、家鼠（*Rattus norvegicus*）、小白鼠、热带爪蟾（*Xenopus tropicalis*）、原鸡、斑马鱼、孔雀鱼（*Poecilia reticulate*）、斑马拟丽鱼（*Maylandia zebra*）、海兔（*Aplysia californica*）、仿刺参（*Apostichopus japonicus*）、光滑双脐螺（*Biomphalaria glabrata*）、长牡蛎、美洲牡蛎、短文蛤、双斑蛸等，利用本地 BLAST 软件将这些序列分别与虾夷扇贝的转录组和基因组进行比对，并借助基因组注释信息，全基因组范围内进行虾夷扇贝 *MITF* 基因的鉴定。通过分析，在虾夷扇贝基因组中共鉴定获得一个 *MITF* 基因，根据其他物种中的命名规则，将其命名为 *PyMITF*（*P. yessoensis MITF*）。*PyMITF* 基因序列全长为 37 402 bp，包含 8 个外显子和 7 个内含子，平均长度分别为 170 bp 和 4 905 bp，*PyMITF* 的 cDNA 序列全长为 3 060 bp，其中 5′UTR 的长度为 104 bp，3′UTR 的长度 1 603 bp，ORF 的长度为 1 353 bp，共编码 450 个氨基酸，*PyMITF* 的基因结构示意图如图 7 - 9 所示。使用 Geneious 4.8.4 软件进行 PyMITF 蛋白质序列二级结构的预测，共包含 31 个 α 螺旋，26 个 β 折叠、46 个无规则卷曲和 37 个 β 转角（图 7 - 10 A），并使用 $Phyre^2$ 预测 PyMITF 三级结构，如图 7 - 10B 所示。通过在线软件 ExPasy（http://web.expasy.org/compute _ pi/）预测，PyMITF 的等电点为 5.23，分子质量为 50.49 kDa。*PyMITF* 基因序列基本特征信息总结于表 7 - 4。

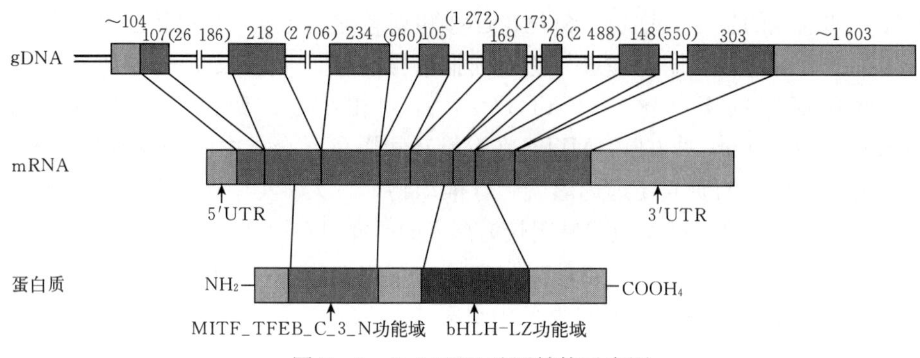

图 7-9 *PyMITF* 基因结构示意图

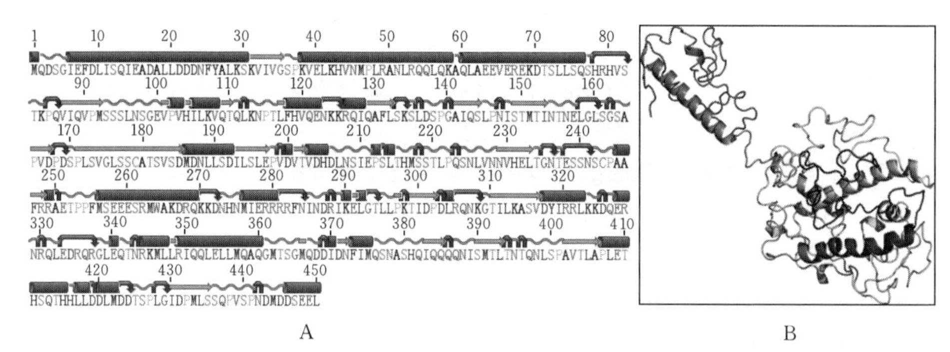

A B

图 7-10 PyMITF 蛋白质的二级结构（A）和三级结构（B）

表 7-4 *PyMITF* 基因的序列特征

项目	*PyMITF*
基因总长度（bp）	37 402
外显子数量	8
内含子数量	7
5′UTR（bp）	104
3′UTR（bp）	1 603
开放阅读框长度（bp）	1 353
氨基酸序列长度	450
重量（kDa）	50.49
理论 pI 值	5.23
α 螺旋数量	31
β 折叠数量	26
无规则卷曲数量	46
β 转角数量	37

对 PyMITF 保守功能域的预测发现两个保守功能域，分别为 bHLH - LZ 和 MITF _ TFEB _ C _ 3 _ N 功能域，分别位于氨基酸序列的 49—190 和 267—327 残基处。其中，bHLH - LZ 功能域是 bHLH - LZ 转录因子的 PyMITF 核心功能元件，能够与靶基因启动子区域的经典 E - box 序列 CATGTG 相结合，从而调控靶基因的表达；多序列比对显示 bHLH - LZ 功能域在各物种中高度保守（图 7 - 11）。此外，在一些转录因子如 MITF、TEB、TEC 和 TE3 的 N 端通常还存在另一个功能域 MITF _ TFEB _ C _ 3 _ N。在 PyMITF 中对这两个功能域的成功识别证明了本研究鉴定的基因确实是 *MITF* 基因。

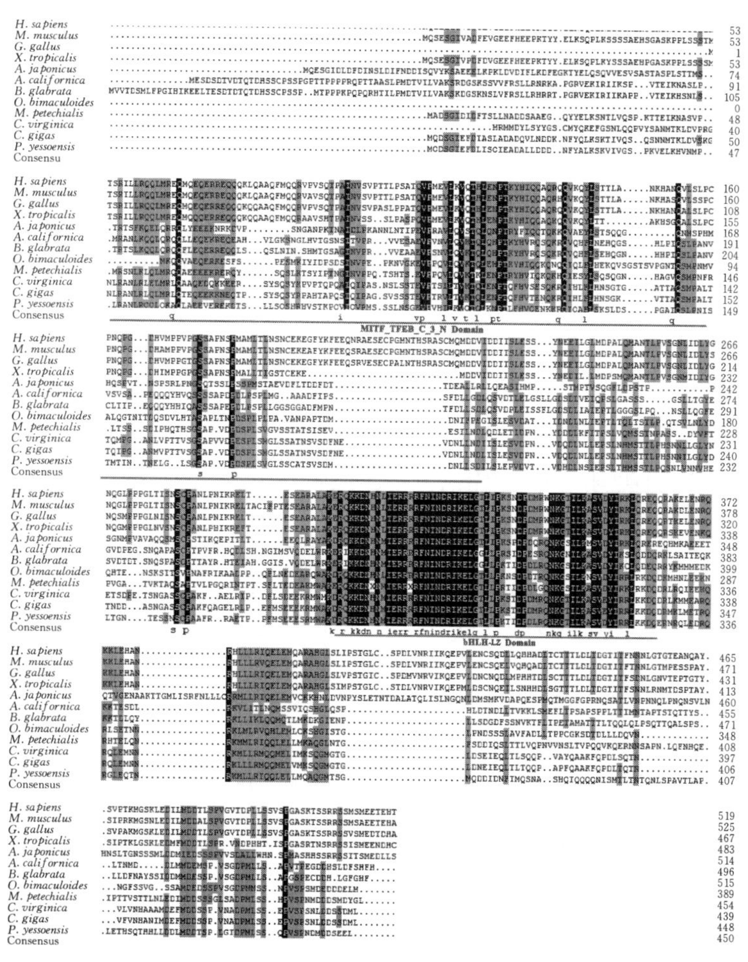

图 7 - 11　不同物种 MITF 蛋白质序列的多重比对

（2）*PyMITF* 基因的系统进化分析

利用 MegAlign 软件对包括虾夷扇贝在内的不同物种的 MITF 蛋白序列进

行两两比对发现（图 7 - 12）：脊椎动物中，各物种间氨基酸序列的一致性较高（82.4%～92.4 %），表明 *MITF* 基因在脊椎动物中高度保守；而在无脊椎动物中，除来自同一属的长牡蛎和美洲牡蛎间的序列一致性较高外（82.0%），其他各物种间的序列保守性要明显低于脊椎动物（28.1%～64.5%）。在所比较物种中，虾夷扇贝的 MITF 与长牡蛎间的序列一致性最高（55.9%），与仿刺参间的最低（31.6%）。使用 MEGA 软件，采用邻接法（NJ）、Bootstrapping 重复 5 000 次，构建各物种 *MITF* 基因的系统进化树，以进一步验证 *PyMITF* 鉴定的准确性和确定 *PyMITF* 的系统进化地位。如图 7 - 13 所示，进化树可分成两大枝，一枝覆盖了大多数的脊椎动物和棘皮动物，如人、鼠、鸟、两栖动物、鱼和海参；另一枝主要由软体动物组成，包括双壳贝类、头足类和腹足类。由系统进化树可以看出，不同物种 MITF 蛋白间的分子进化关系与物种之间的生物进化地位高度一致。

序列一致性(%)

序列差异	1	2	3	4	5	6	7	8	9	10	11	12	
1		50.0	52.6	55.9	37.2	45.2	35.7	31.6	33.6	35.8	33.9	34.0	1
2	79.9		46.9	48.8	37.0	45.8	37.0	35.1	33.0	32.6	32.6	32.5	2
3	73.2	88.5		82.0	35.4	43.5	35.3	31.8	33.3	34.8	32.5	32.5	3
4	65.5	83.0	20.7		35.4	45.4	36.0	32.7	36.7	36.3	35.5	35.3	4
5	122.5	123.7	130.5	130.7		37.8	64.5	29.8	30.2	32.6	29.8	30.1	5
6	93.7	91.9	99.0	93.1	120.2		37.8	32.4	34.3	34.1	34.3	34.4	6
7	129.5	123.5	131.2	128.2	47.9	120.0		28.1	28.0	30.2	27.0	27.8	7
8	150.4	131.9	149.3	144.3	161.1	145.9	173.0		37.4	37.5	37.0	36.6	8
9	139.3	142.5	140.9	125.0	158.5	136.2	173.2	122.0		84.0	82.4	84.3	9
10	129.0	144.9	133.6	126.5	144.9	136.8	158.8	121.6	18.1		88.9	91.9	10
11	137.8	144.9	145.5	130.4	161.25	136.0	181.1	123.5	20.1	12.1		94.4	11
12	137.4	145.3	145.1	131.0	159.1	135.5	175.3	125.3	17.7	8.6	5.8		12
	1	2	3	4	5	6	7	8	9	10	11	12	

P. yessoensis
M. petechialis
C. virginica
C. gigas
B. glabrata
O. bimaculoides
A. califonica
A. japonicus
X. tropicalis
G. gallus
M. musculus
H. sapiens

P. yessoensis *M. petechialis* *C. virginica* *C. gigas* *B. glabrata* *O. bimaculoides* *A. califonica* *A. japonicus* *X. tropicalis* *G. gallus* *M. musculus* *H. sapiens*

图 7 - 12　不同物种 MITF 蛋白质序列的两两比对

3. 虾夷扇贝 *MITF* 基因的表达分析

为了进一步探索 *MITF* 基因在贝类壳色形成中的作用，利用 qRT - PCR 技术，首次在虾夷扇贝中进行了 *PyMITF* 在不同外套膜区域（边缘膜和中央膜）及不同壳色（橙色、褐色和白色）个体中表达模式的分析（图 7 - 14）。总体上，三种壳色中 *PyMITF* 在不同外套膜区域的表达模式相似，即不论在左侧还是右侧外套膜中，中央膜的表达量都要显著高于边缘膜，可以推测中央膜在壳色形成中可能发挥重要功能。*PyMITF* 基因在三种壳色个体中的整体表达趋势是橙

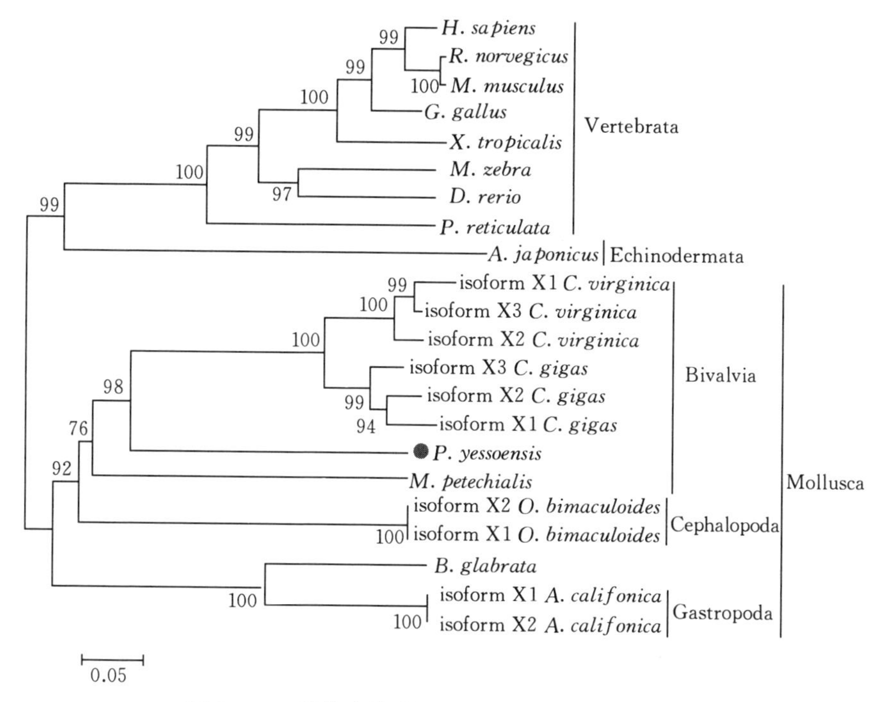

图 7-13 邻接法构建的 *MITF* 基因的系统进化树

色>褐色>白色，表现出一定的差异；且在左侧中央膜中，橙色个体中 *PyMITF* 的表达量显著高于白色个体（$P \leqslant 0.05$），而在右侧中央膜中，橙色个体中 *PyMITF* 表达量显著高于褐色个体（$P \leqslant 0.05$）；但在边缘膜中，*PyMITF* 的表达量在三种壳色个体间未表现出显著差异（$P > 0.05$），以上结果表明 *PyMITF* 参与了虾夷扇贝壳色的形成，且主要在外套膜的中央膜中发挥功能。

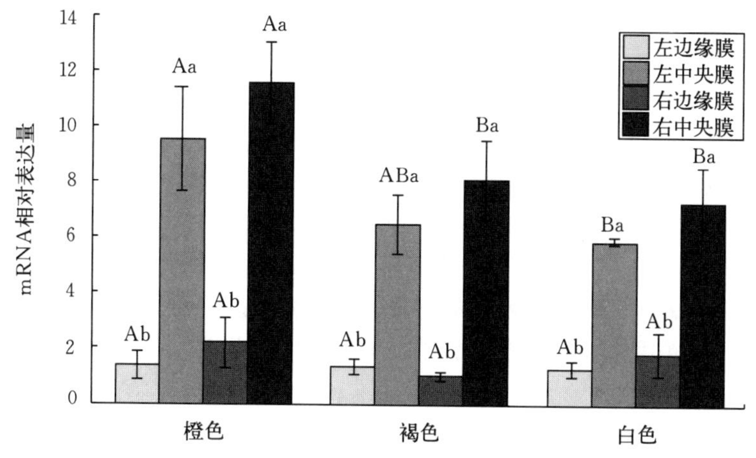

图 7-14 *PyMITF* 在不同壳色虾夷扇贝不同外套膜区域中的相对表达水平

二、血红素合成通路基因

1. *ALAS* 基因的研究进展

氨基乙酰丙酸合成酶（aminolevulinic acid synthase，ALAS），是血红素形成通路中第一步反应所需的催化酶，其作用是催化琥珀酰辅酶 A 和甘氨酸反应生成氨基乙酰丙酸，进而为后续反应提供原料。作为血红素合成通路中第一步反应所需的催化酶，其催化速率对后续反应有着极大的影响，它可以通过调节自身催化速率从而达到调控后续反应效率的目的，血红素合成的速率取决于 ALAS 自身及合成产物的量，因此 ALAS 是血红素合成通路中的限速酶，同时也是关键酶（Fujita 等，1997）。

在脊椎动物中，ALAS 分别由 *ALAS1* 和 *ALAS2* 两种基因进行编码和调控，其中 *ALAS1* 属于管家基因，可在全身各处广泛进行表达，其编码基因位于 3 号染色体的短臂上。而 *ALAS2* 则属于红系细胞特异性基因，仅在血红细胞内进行表达，编码基因则位于 X 染色体上。同时，两种 *ALAS* 基因的转录调控也是由不同的机制介导来完成，通常情况下，*ALAS1* 的转录调控由血红素所介导，*ALAS2* 则是由红系特异性因子所介导。此外，*ALAS2* 的转录组序列上还含有一个茎环结构的铁反应元件（iron responsive element，IRE），可与 IRE 结合蛋白反应生成复合物，从而阻止 *ALAS2* 的表达（Ajioka 等，2006；Tsiftsoglou 等，2006）。与脊椎动物不同，目前在无脊椎动物中仅发现一个 *ALAS* 基因，该基因在无脊椎动物中的表达规律和转录调控机制还有待进一步更深的研究。

卟啉类色素主要依靠血红素通路进行合成，*ALAS* 基因的表达量与卟啉合成量密切相关。目前，已在鸡中较为广泛地开展了 *ALAS* 基因在卟啉色素形成中功能的研究。在申杰等对江汉鸡蛋蛋壳色素的研究中发现，原卟啉在颜色较深的褐色鸡蛋壳中的含量要显著高于颜色较浅的白色和粉色鸡蛋壳，并且卟啉色素含量随着鸡蛋壳颜色加深而逐渐增多，从而得出决定褐色鸡蛋壳颜色的主要色素是原卟啉的结论。而李光奇在对鸡蛋壳色的研究中也发现，深褐色鸡蛋蛋壳中原卟啉Ⅸ的含量和总量均显著高于浅褐色鸡蛋壳，并且深褐色鸡蛋壳中的 *ALAS1* 基因表达量要极显著高于浅褐色鸡蛋壳中的 *ALAS1* 基因表达量，进一步证明了褐色鸡蛋壳颜色的深浅取决于原卟啉Ⅸ的含量，同时还说明 *ALAS1* 基因的表达量与原卟啉Ⅸ的合成量成正相关。在贝类中有关 *ALAS* 基因在壳色形成中功能的研究较为有限，仅在几种腹足类中有过报道。Williams 等（2017）对腹足类的 *C. margaritarius* 和 *C. pharaonius* 的贝壳色素研究中发现两种钟螺卟啉色素含量较高的组织中 *ALAS* 都有着较高水平的表达量，且 *ALAS* 基因的表达量与钟螺体内所合成的卟啉量相一致。通过进一步分析，

在 *C. margaritarius* 和 *C. pharaonius* 的贝壳中分离鉴定出了尿卟啉Ⅰ和尿卟啉Ⅲ两种卟啉色素（Williams 等，2016），并且 *ALAS* 在壳色形成器官——外套膜中的表达量要明显高于不含有卟啉色素的闭壳肌组织（Williams 等，2017）。这说明 *ALAS* 基因与软体动物壳色形成之间具有密切关系。

2. 虾夷扇贝 *ALAS* 基因的全基因组鉴定及序列分析

（1）虾夷扇贝 *ALAS* 基因的全基因组鉴定及序列特征

从 NCBI（http://www.ncbi.nlm.nih.gov）数据库中下载脊椎动物和无脊椎动物不同物种的 ALAS 蛋白序列，包括人、家鼠、小白鼠、热带爪蟾、蟒蛇（*Python bivittatus*）、普通壁蜥（*Podarcis muralis*）、斑马鱼、紫色球海胆（*Strongylocentrotus purpuratus*）、棘冠海星（*Acanthaster planci*）、南美白对虾（*Penaeus vannamei*）、美洲鲎（*Limulus polyphemus*）、方头恐猛蚁（*Dinoponera quadriceps*）、黑腹果蝇（*Drosophila melanogaster*）、海兔、光滑双脐螺、福寿螺（*Pomacea canaliculata*）、长牡蛎、美洲牡蛎、双斑蛸、真蛸（*O. vulgaris*）等，利用本地 BLAST 软件将这些序列分别与虾夷扇贝的转录组和基因组进行比对，并借助基因组注释信息，全基因组范围内进行虾夷扇贝 *ALAS* 基因的鉴定。在虾夷扇贝基因组中共鉴定获得一个 *ALAS* 基因，根据其他物种中的命名规则，将其命名为 *PyALAS*（*P. yessoensis ALAS*）。*PyALAS* 的 DNA 序列全长为 32 408 bp，其中包含 13 个外显子和 12 个内含子，平均长度分别为 437 bp 和 2 227 bp，*PyALAS* 的 cDNA 序列全长为 5 684 bp，包括 253 bp 的 5′UTR，3 550 bp 的 3′UTR 和 1 881 bp 的 CDS 序列，共编码 626 个氨基酸，*PyALAS* 的基因结构如图 7－15 所示。

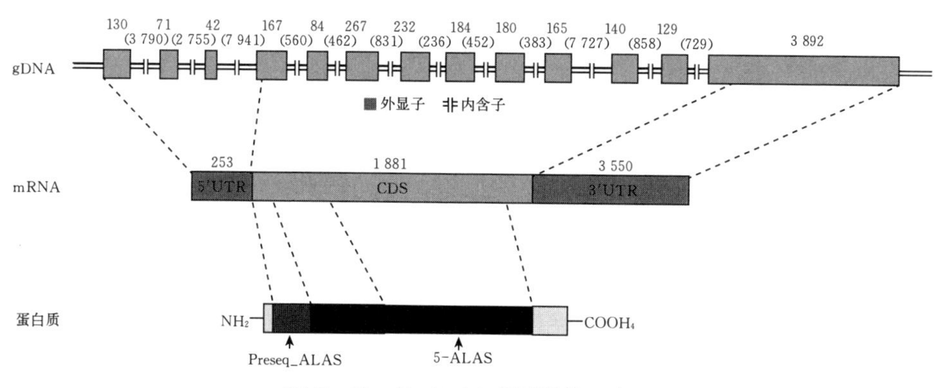

图 7－15　*PyALAS* 基因结构示意图

使用 Geneious 4.8.4 软件进行 PyALAS 蛋白质序列二级结构的预测，如图 7－16A 所示，包含 34 个 α 螺旋、34 个 β 折叠、49 个 β 转角和 36 个无规则卷曲。使用 Phyre[2] 所推导出的 PyALAS 三级结构如图 7－16B 所示。通过在线软件 Ex-

Pasy 预测 PyALAS 的等电点为 6.62，分子质量为 69.62 kDa。使用 SIREs Web Server 2.0（http://ccbg.imppc.org/sires/）在 *PyALAS* cDNA 序列的 5′UTR 中检测到了一个高可信度的铁反应元件（iron responsive element，IRE）（132～163），其序列为 5′—AGTGAGTCGCTCTCAGTGAAGGGCACACACA—3′，结构如图 7-16C 所示。*PyALAS* 基因序列基本特征信息总结于表 7-5。

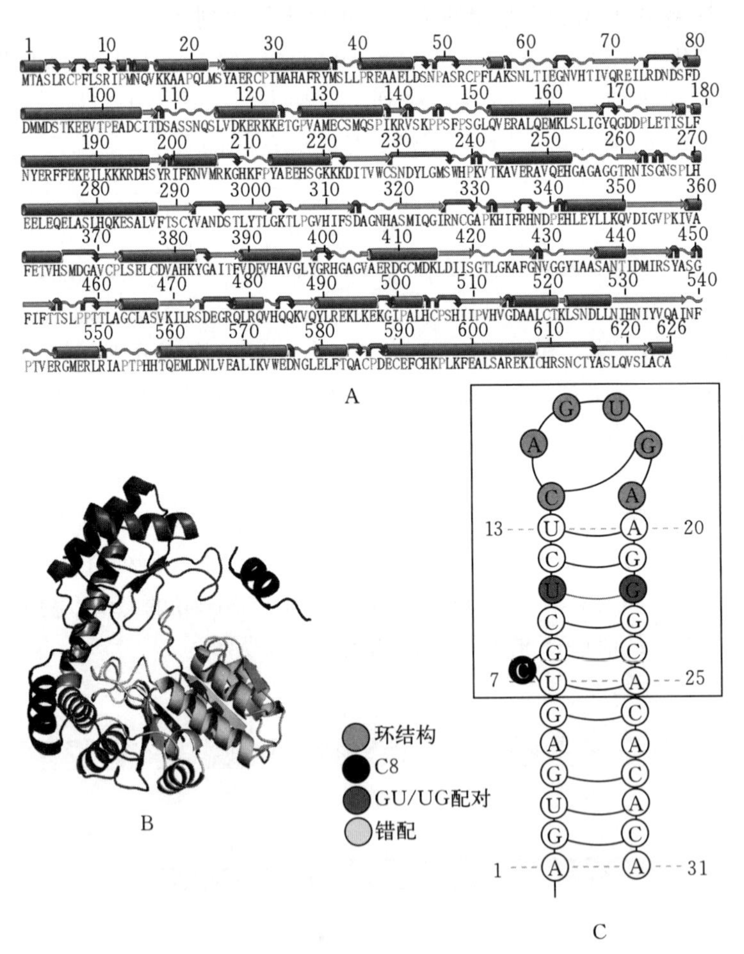

图 7-16 PyALAS 基因高级结构示意图

A. 二级结构 B. 三级结构 C. 铁反应元件

表 7-5 *PyALAS* 基因的序列特征

项目	*PyALAS*
基因总长度（bp）	32 408
外显子数量	13

（续）

项目	*PyALAS*
内含子数量	12
5′UTR（bp）	253
3′UTR（bp）	3 550
开放阅读框长度（bp）	1 881
氨基酸序列长度	626
重量（kDa）	69.62
理论 pI 值	6.62
α 螺旋数量	34
β 折叠数量	34
无规则卷曲数量	36
β 转角数量	49

在对 PyALAS 保守功能域的预测中，共发现了两个功能结构域，分别为 59 aa 的 Preseq - ALAS 结构域（c107589）和 401 aa 的 5 - ALAS 结构域（PRK09064），其中 Preseq - ALAS 结构域位于 6—64 的氨基酸残基区域，5 - ALAS 结构域位于 181—581 的氨基酸残基区域。ALAS 首先在细胞质核糖体中合成，然后才转运进入线粒体中催化甘氨酸与琥珀酰辅酶 A 缩合反应生成 5 - 氨基乙酰丙酸，位于 N 端的 Preseq - ALAS 结构域可以被位于线粒体膜上的输入蛋白所识别，所以 Preseq - ALAS 结构域可以帮助 ALAS 转运进入线粒体中（Goodfellow 等，2001；Hunter 和 Ferreira，2009）。5 - ALAS 结构域则是 ALAS 的核心功能元件，多重序列比对结果显示在脊椎动物和无脊椎动物中均表现出高度的保守性（图 7 - 17）。

利用 MegAlign 软件对包括虾夷扇贝在内的不同物种的 ALAS 蛋白序列进行两两比对，结果如图 7 - 18 所示。不同物种的 ALAS 蛋白质序列间具有较高的一致性，所有蛋白质序列的一致性分布在 44.9%（光滑双脐螺和家鼠）到 96.4%（双班蛸和真蛸）这一范围内。其中虾夷扇贝 ALAS 蛋白质序列与长牡蛎和美洲牡蛎两个物种的 ALAS 蛋白质序列的一致性最高，均为 63.7%，与双班蛸和真蛸 ALAS 蛋白质序列的一致性较低，为 55.6%，而与斑马鱼 ALAS1 蛋白质序列的一致性最低，为 48.2%。就软体动物而言，双班蛸 ALAS 蛋白序列与真蛸 ALAS 蛋白序列的一致性最高，为 96.4%；光滑双脐螺 ALAS 蛋白序列与双班蛸和真蛸两个物种的 ALAS 蛋白序列的一致性最低，均为 53.2%。

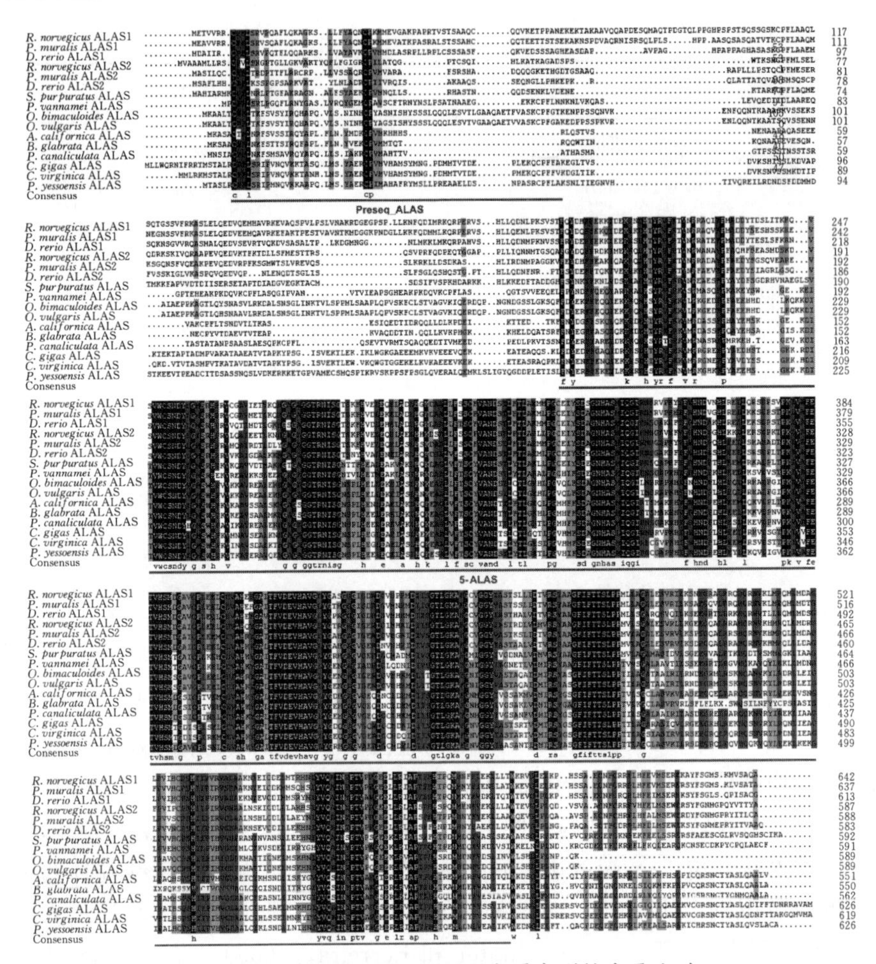

图 7-17　不同物种 ALAS 蛋白质序列的多重比对

序列一致性(%)

序列差异

	1	2	3	4	5	6	7	8	9	10	11	12	13	14	15	16	17		
1		63.7	63.7	60.0	55.7	59.6	55.6	55.6	55.2	55.3	51.7	48.2	49.4	49.7	50.4	50.2	50.0	1	*P. yessoensis* ALAS
2	49.2		63.7	60.0	55.1	57.7	55.6	55.0	53.2	52.4	50.6	48.9	48.3	48.6	48.9	50.3	48.7	2	*C. gigas* ALAS
3	49.2	19.9		60.0	55.0	57.3	53.3	55.6	54.4	53.3	51.4	48.8	47.6	48.5	49.3	50.9	47.7	3	*C. virginica* ALAS
4	56.6	58.7	56.8		55.0	68.8	56.6	55.6	54.3	55.4	51.8	50.3	49.2	48.1	49.3	49.0	48.2	4	*A. californica* ALAS
5	65.7	57.2	65.1	32.0		62.8	53.6	55.6	59.9	53.4	48.1	46.5	46.7	44.9	46.9	46.3	45.8	5	*B. glabrata* ALAS
6	57.4	61.5	62.3	40.0	49.2		58.3	58.5	52.2	55.7	49.3	48.1	48.3	48.1	49.1	48.0	48.5	6	*P. canaliculata* ALAS
7	66.0	66.1	71.5	65.0	71.6	60.1		96.4	52.6	56.4	50.7	48.3	49.4	48.4	50.9	50.6	51.3	7	*O. bimaculoides* ALAS
8	66.0	65.3	71.1	64.6	71.6	59.7	3.7		52.6	56.8	50.2	48.3	49.4	48.1	50.9	50.6	50.9	8	*O. vulgaris* ALAS
9	67.9	71.6	68.9	69.2	80.1	74.2	73.2	73.2		59.7	54.2	51.0	49.7	49.6	48.9	50.6	48.2	9	*P. vannamei* ALAS
10	66.8	73.6	71.5	66.5	71.2	65.9	64.2	65.3	57.2		53.0	52.2	53.5	52.7	53.6	53.3	52.4	10	*D. melanogaster* ALAS
11	75.4	73.2	73.2	75.1	85.1	89.8	77.9	79.4	69.4	72.3		53.2	52.6	52.1	54.9	54.2	51.6	11	*S. purpuratus* ALAS
12	84.7	82.8	83.1	79.1	89.7	85.0	84.5	84.5	77.3	74.2	71.7		72.1	73.1	61.9	52.5	61.7	12	*D. rerlo* ALAS1
13	81.4	84.4	86.6	82.1	89.1	84.5	81.5	81.5	80.5	71.0	73.2	34.9		49.8	61.4	53.7	63.2	13	*P. muralis* ALAS1
14	80.7	83.7	84.0	85.1	94.8	85.0	84.2	85.2	81.0	72.8	74.5	33.4	21.0		62.2	63.1	62.3	14	*R. norvegicus* ALAS1
15	78.7	82.9	81.7	81.9	88.4	82.3	55.4	77.4	83.0	70.7	67.6	52.7	53.8	52.1		68.6	66.9	15	*D. rerio* ALAS2
16	79.4	79.2	77.6	82.6	90.2	85.3	55.4	78.4	78.2	71.4	69.2	51.6	49.4	50.4	40.6		67.5	16	*P. muralis* ALAS2
17	79.9	83.4	86.1	84.9	91.9	89.8	76.4	77.4	84.7	73.7	75.6	53.2	50.3	52.0	43.5	42.5		17	*R. norvegicus* ALAS2
	1	2	3	4	5	6	7	8	9	10	11	12	13	14	15	16	17		

图 7-18　不同物种 ALAS 蛋白质序列的两两比对分析

（2）*PyALAS* 基因的系统进化分析

使用 MEGA 软件，采用邻接法（NJ）构建各物种 *ALAS* 基因的系统进化树，以进一步验证 *PyALAS* 鉴定的准确性和确定 *PyALAS* 的系统进化地位。系统进化分析表明，不同物种 ALAS 蛋白间的分子进化关系与物种之间的进化关系高度一致（图 7－19）。进化树主要分为两大枝，其中一大枝为包含腹足纲、双壳纲和头足纲在内的三类不同的软体动物。来自虾夷扇贝、美洲牡蛎和长牡蛎这三种双壳类的 ALAS 蛋白首先聚集在一起，然后与腹足纲和头足纲的分枝汇集在一起。另一大枝由包括人、老鼠、鸟类、爬行动物、两栖动物和鱼类在内的各种脊椎动物，以及包括果蝇、海胆和海星在内的无脊椎动物所组成。与本研究中分析的其他无脊椎动物一样，虾夷扇贝中只存在单拷贝的 *ALAS* 基因，而脊椎动物中存在两种不同的 *ALAS* 基因，分别是非特异性的 *ALAS1* 和红细胞特异的 *ALAS2*。序列一致性分析表明（图 7－18），PyALAS 与 ALAS2 之间的相似性（50.0%～50.4%）略高于与 ALAS1 之间的相似性（48.2%～49.7%）。此外，在 PyALAS 的 5′UTR 中还检测到了 ALAS2 所特有的铁反应元件（IRE），因此，PyALAS 可能与脊椎动物中的 ALAS2 同源。系统进化树显示，脊椎动物的 ALAS1 和 ALAS2 先分别聚集在一起形成不同的分枝，然后汇集在一起形成脊椎动物的分枝，最后与其他无脊椎动物的分枝汇集在一起。由不同物种间 ALAS 蛋白序列两两比对结果可知，ALAS1 与 ALAS2 蛋白之间的序列一致性处于 61.4%～63.7%，远高于它们与无脊椎动物 ALAS 蛋白序列之间的一致性（44.9%～54.9%）（图 7－18）。因此我们推测，*ALAS1* 和 *ALAS2* 之间的分化可能发生在无脊椎动物向脊椎动物进化之后，且 *ALAS1* 可能起源于 *ALAS2*，而软体动物的 *ALAS* 基因比其他物种的 *ALAS* 基因更为古老，与祖先基因更接近。

3. *PyALAS* 基因的表达分析

研究表明，在脊椎动物中，*ALAS1* 可在所有组织中广泛表达，且在肝脏中的表达水平最高（Ajioka 等，2006），而 *ALAS2* 则仅在红系细胞中进行特异表达。而在软体动物中，以前从未对 *ALAS* 基因在组织中的表达模式进行过全面的研究。本研究通过 qRT－PCR 技术，首次测定了 *PyALAS* 基因在褐色虾夷扇贝左边缘膜、右边缘膜、左中央膜、右中央膜、鳃丝、肝胰腺、肾、性腺、闭壳肌和血淋巴细胞等 10 个组织中的相对表达量。如图 7－20 所示，*PyALAS* 在上述 10 个组织中均有不同程度的表达，但在闭壳肌中的表达水平极低。其中，*PyALAS* 在鳃丝中的相对表达量最高，其次是肝胰腺和肾组织，且三种组织间的表达量差异不显著（$P \geq 0.05$）。*PyALAS* 在血淋巴细胞和左中央膜中的表达水平均显著低于鳃丝、肝胰腺和肾（$P < 0.05$），但显著高于其他组织（$P \leq 0.05$）。在右中央膜、性腺、左边缘膜和右边缘膜中，

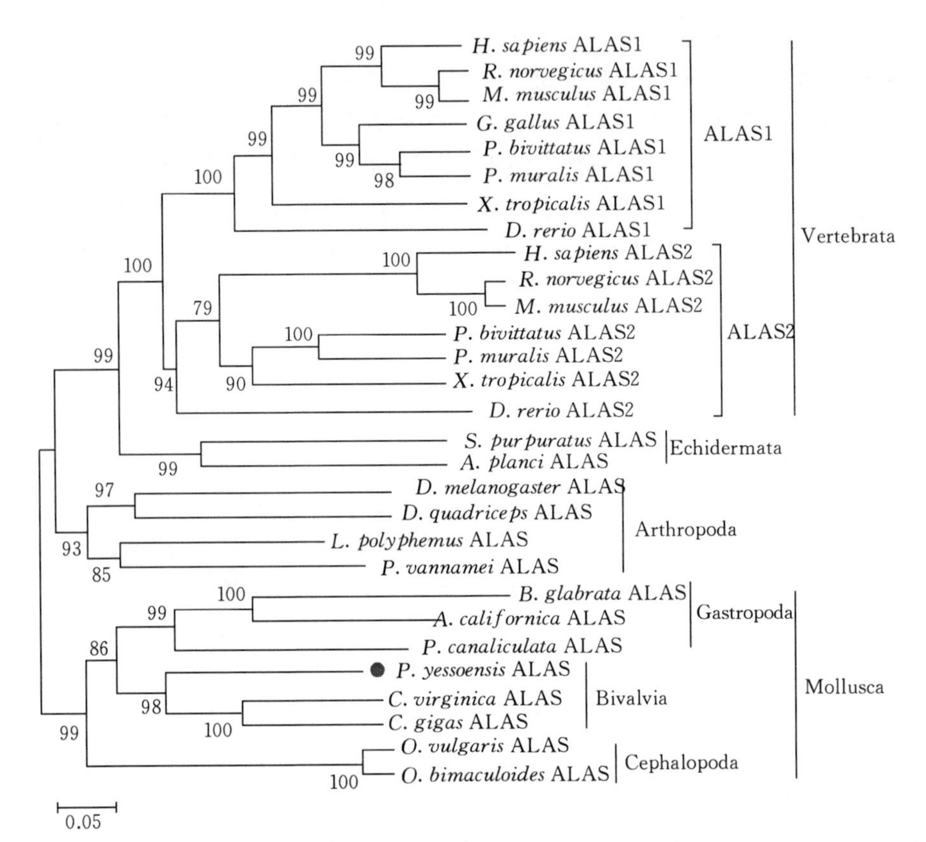

图 7-19　邻接法所构建的 *ALAS* 基因系统进化树

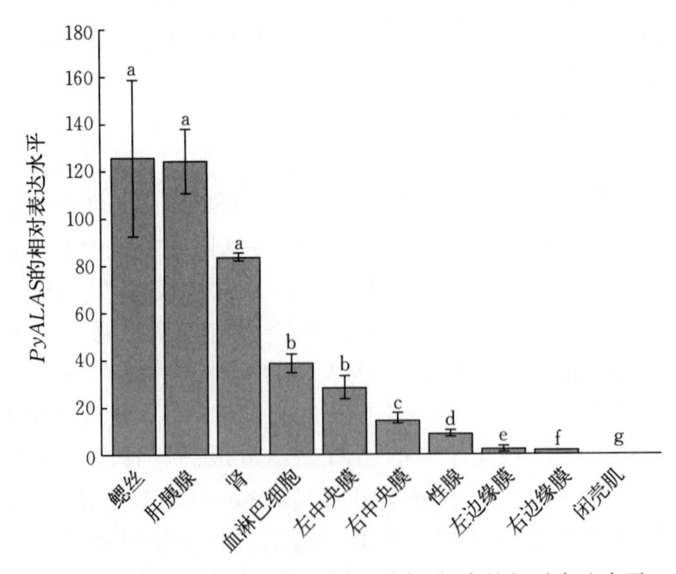

图 7-20　*PyALAS* 在虾夷扇贝不同组织中的相对表达水平

PyALAS 的表达水平相对较低，且其中任何两个组织之间的表达水平存在显著性差异（$P<0.05$）。*PyALAS* 在成体各组织中的广泛表达，表明其在虾夷扇贝生命活动中发挥重要的作用。在生物体内，血红素不仅是调节血红蛋白结构和活性的重要物质，还可以参与控制代谢途径（Padmanaban 等，1989）。此外，诸如 α 珠蛋白、β 珠蛋白、细胞色素 c、细胞色素 c 氧化酶、细胞色素 P450 和过氧化氢酶等蛋白质分子的生物合成也离不开血红素。同时，*PyALAS* 在虾夷扇贝的鳃丝、肝胰腺和肾三个组织中的高水平表达说明，*PyALAS* 在呼吸（鳃丝）、消化（肝胰腺）、排泄（肾）等生命活动中具有重要作用。

目前，在鸡蛋蛋壳中 *ALAS* 基因与蛋壳壳色之间的关系已被充分研究，但软体动物中，对 *ALAS* 基因在壳色形成中作用的研究仍然很有限，仅在腹足类中开展过研究（Williams 等，2017）。为了更深入地了解 *ALAS* 基因在软体动物壳色形成中所发挥的作用，对不同壳色（褐色和白色）的虾夷扇贝的外套膜组织进行了 *PyALAS* 基因的表达分析（图 7－21）。结果表明，*PyALAS* 的表达水平与扇贝外壳颜色的深浅程度相一致，即 *PyALAS* 在对应褐壳的外套膜中的表达水平要显著高于对应白壳外套膜中的表达水平。主要表现在两个方面：一方面，褐色虾夷扇贝的左壳呈现具有色素沉积的褐色，右壳为无色素沉积的白色，而与此同时 *PyALAS* 在褐色虾夷扇贝左侧外套膜中的表达水平要显著高于右侧（$P>0.05$）；而在左右壳均为白色的白色虾夷扇贝中 *PyALAS* 在左右两侧外套膜中的表达水平则无显著差异（$P\leqslant 0.05$）。另一方面，*PyALAS* 在褐色和白色虾夷扇贝外套膜中表达水平的比较表明，在具有壳色差异的左侧外套膜中，褐色个体 *PyALAS* 的表达水平要高于白色个体，且在边缘膜中差异显著（$P>0.05$）；而在壳色均为白色的右侧外套膜中 *PyALAS* 在两种扇贝中的表达水平则没有显著差异（$P\leqslant 0.05$）。由此可见，*PyALAS* 的表达水平与虾夷扇贝壳色具有明显的相关性，表明其在壳色形成中发挥重要的作用。在鸡蛋蛋壳中也检测到了类似的表达模式，在产褐色鸡蛋的母鸡壳腺中检测到了较高水平的 *ALAS* 表达（Li 等，2013）。研究表明，原卟啉Ⅸ是导致鸡蛋蛋壳呈褐色的主要色素，它是形成血红素的直接前体，也是生物体内卟啉色素的主要来源之一，而高水平的 *ALAS* 表达量，可以增加原卟啉Ⅸ的生物合成量。腹足动物 *C. margaritarius* 的钙质外壳中已鉴定出尿卟啉Ⅰ和尿卟啉Ⅲ，并且外套膜组织中 *ALAS* 基因的表达量要显著高于不含有卟啉色素的闭壳肌（Williams 等，2017），这与本研究的研究结果相一致。因此，可以推测本研究中所鉴定的 *PyALAS* 很可能参与了卟啉色素的生物合成过程，从而导致虾夷扇贝外壳呈褐色，但关于虾夷扇贝贝壳中卟啉色素的分离鉴定工作目前还没有开展，还有待进一步的研究，以便为分子层面的研究提供重要的支撑。

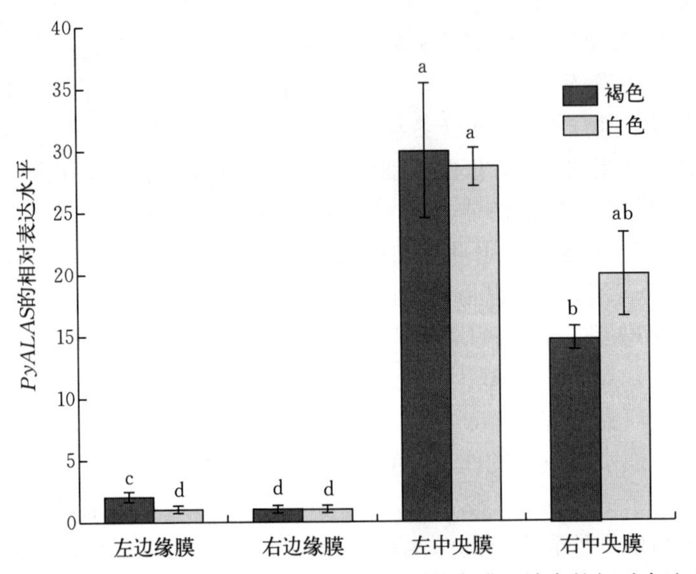

图 7-21 *PyALAS* 在不同壳色虾夷扇贝不同外套膜区域中的相对表达水平

第八章 研究展望

贝类种类繁多，壳色复杂多变，其形成机制也十分复杂，还需要选择一个或多个理想的模式物种开展全面而深入的研究。本书以虾夷扇贝为研究材料，开展了壳色形成主要组织外套膜的组织学、转录组学、蛋白质组学和表观遗传学的分析，目前主要是从不同组学层面探究了虾夷扇贝不同壳色的形成机制，筛选获得了壳色形成相关候选基因及通路，并对部分基因进行了全基因组序列及功能的初步分析。通过多组学的分析发现控制黑色素形成的黑色素形成通路和控制卟啉类色素合成的血红素合成通路很可能是参与虾夷扇贝壳色形成的重要通路，且这两个通路均受到DNA甲基化修饰的调控。但是目前，对于虾夷扇贝贝壳中色素的组成情况，如组成种类及比例，还没有全面的了解。尽管已有研究在褐色贝壳中分离鉴定获得黑色素，但对于其他色素的分离鉴定工作从未开展，限制了我们从生理生化层面上对壳色形成的理解，也使得后续分子层面的研究缺少一定的依据。主要原因一方面是目前大部分对壳色的研究都集中在分子层面，而忽略了贝壳色素本身化学组成的分析；另一方面很多贝壳色素含量较低，较难分离，还需要建立高效微量的贝壳色素分离方法，以有效分离不同的贝壳色素。在解析壳色形成机制的分子层面，下一步还需从其他组学层面同时展开，如smallRNA、lncRNA等，并进行各组学的联合分析，全面深入挖掘壳色形成基因及分子通路，解析基因间、基因和蛋白间及蛋白和蛋白间的相互作用关系，并深入解析壳色形成的分子调控机制。而对于控制壳色形成的关键基因也仍需更深入的功能研究，如利用RNA干扰技术，甚至是探索虾夷扇贝的基因编辑技术，进行关键基因的功能验证，并解析其表达调控机理。对于壳色性状的分子遗传育种研究，还需深入开发与壳色性状紧密连锁的SNP分子标记，如借助2b-RAD技术、重测序技术等，进行QTL定位、全基因组关联分析（GWAS）等，一方面获得壳色性状SNP分子标记用于分子育种，另一方面挖掘基因组中与这些SNP标记紧密连锁的基因，作为重要的候选基因，并解析其在壳色形成中的分子功能。

贝类作为一个古老而庞大的门类，对其壳色形成机制的研究可以更好地帮助我们理解壳色的起源进化问题，也将对整个自然界颜色性状的起源进化研究提供更多的信息。当然，还有许多问题等待我们去研究，如：颜色赋予贝类何种益处，其生态功能是什么？驱动颜色和图案保持和多样化的生物和非生物因素分别是什么，受遗传控制的程度如何？贝壳色素的化学性质是怎样的，它们是如何与贝壳基质发生化学作用及如何进行结合的，其背后的分子调控机制又是怎样？其中一些过程已经得到了很好的研究，但很多过程仍然只有很少的了解，仍待解决。但我们相信，随着科学家对贝类壳色研究的重视及现代生物技术的不断发展，并通过与不同学科的相互交叉，我们将会对贝类壳色的形成机制及起源进化有着越来越深入的理解。

参 考 文 献

鲍相渤，董颖，赫崇波，等，2009. 基于 AFLP 技术对中国虾夷扇贝群体种质资源的研究 [J]. 生物技术通报（4）：126 - 129.

常亚青，2007. 贝类增养殖学 [M]. 北京：中国农业出版社.

常亚青，陈晓霞，丁君，等，2007. 虾夷扇贝（*Patinopecten yessoensis*）5 个群体的遗传多样性 [J]. 生态学报，27（3）：1146 - 1152.

常亚青，相建海，张国范，等，2001. 虾夷扇贝三倍体诱导与培育技术的研究 [J]. 中国水产科学，8（1）：18 - 22.

陈来钊，王子臣，1994. 温度对海湾扇贝与虾夷扇贝及其杂交受精、胚胎和早期幼体发育的影响 [J]. 大连水产学院学报（4）：1 - 9.

陈炜，孟宪治，陶平，2004. 2 种壳色皱纹盘鲍营养成分的比较 [J]. 中国水产科学（4）：367 - 370.

程鹏，杨爱国，周丽青，等，2010. 不同壳色虾夷扇贝家系 F_1 幼虫生长及遗传结构的比较分析 [J]. 中国水产科学（5）：960 - 968.

迟庆宏，2020. 虾夷扇贝自然海域生态育苗技术 [J]. 当代水产（6）：79 - 81.

邓岳文，张善发，符韶，等，2007. 马氏珠母贝黄壳色选育 F_1 和养殖群体形态性状比较 [J]. 广东海洋大学学报，27（6）：77 - 80.

丁君，王婷，常亚青，等，2010. 基于 AFLP 技术的不同群体虾夷扇贝遗传结构及多样性研究 [J]. 烟台大学学报（自然科学与工程版）（1）：47 - 53.

丁君，赵学伟，常亚青，等，2019. 虾夷扇贝“明月贝”[J]. 中国水产（2）：63 - 67.

高悦勉，李国喜，2003. 虾夷扇贝同工酶的生化遗传分析 [J]. 大连水产学院学报（4）：269 - 272.

高悦勉，李国喜，赵银丽，2004. 大连沿海虾夷扇贝养殖群体遗传结构的研究 [J]. 大连水产学院学报（2）：142 - 145.

葛建龙，2015. 长牡蛎壳色性状选育及其遗传学分析 [D]. 青岛：中国海洋大学.

管云雁，何毛贤，2009. 海产经济贝类壳色多态性的研究进展 [J]. 海洋通报，28（1）：108 - 114.

华友佳，肖华胜，2005. microRNA 研究进展 [J]. 生命科学（3）：278 - 281.

李春艳，丁君，常亚青，等，2009. 虾夷扇贝微卫星标记的分离及其养殖群体的遗传结构分析 [J]. 中国水产科学（1）：39 - 46.

李光奇，2015. 转录组与蛋白质组联合分析影响鸡蛋蛋壳褐色的遗传因素 [D]. 北京：中国农业大学.

李太武，张安国，苏秀榕，2008. 文蛤花纹的形态及形成观察 [J]. 动物学杂志（6）：

83-87.

李文姬，谭克飞，2009. 日本解决虾夷扇贝大规模死亡的启示 [J]. 水产科学，28 (10)：609-612.

梁峻，包振民，孙欣，等，2016. 虾夷扇贝“獐子岛红”[J]. 中国水产，9：72-74.

刘芳，2006. 利用 AFLP 和 SSR 分子标记研究不同地理虾夷扇贝群体的遗传多样性 [D]. 大连：辽宁师范大学.

刘圆圆，刘振辉，张士璀，2016. 黑色素生物合成和黑色素抑制剂 [J]. 鲁东大学学报（自然科学版），32 (3)：236-242.

马培振，2014. 高盐诱导虾夷扇贝（*Patinopecten yessoensis*）三倍体的初步研究 [D]. 青岛：中国海洋大学.

马孝甜，2012. 虾青素对马氏珠母贝的影响研究 [D]. 湛江：广东海洋大学.

牟永莹，顾培明，马博，等，2017. 基于质谱的定量蛋白质组学技术发展现状 [J]. 生物技术通报，33 (9)：73-84.

申杰，郑传威，潘爱銮，等，2017. 江汉鸡蛋壳颜色色素分析及相关基因表达研究 [J]. 湖北农业科学，56 (3)：508-510，534.

宋坚，陈蒙，常亚青，等，2014. 静水压法诱导虾夷扇贝多倍体的研究 [J]. 水产科技情报，41 (4)：169-172.

孙秀俊，杨爱国，刘志鸿，等，2009. 两种壳色虾夷扇贝的 RAPD 分析 [J]. 渔业科学进展 (6)：110-117.

王俊杰，2014. 虾夷扇贝家系生长性状、遗传参数和壳色分化的初步研究 [D]. 大连：大连海洋大学.

王庆成，1984. 虾夷扇贝的引进及其在我国北方增养殖的前景 [J]. 水产科学 (4)：24-27.

王庆恒，邓岳文，杜晓东，等，2008. 马氏珠母贝 4 个壳色选系 F_1 幼虫的生长比较 [J]. 中国水产科学，15 (3)：488-491.

王思佳，2016. 不同海藻对皱纹盘鲍幼鲍生长、贝壳色素和四种多糖裂解酶的影响 [D]. 青岛：中国科学院研究生院（海洋研究所）.

王曦，汪小我，王立坤，等，2010. 新一代高通量 RNA 测序数据的处理与分析 [J]. 生物化学与生物物理进展，37 (8)：834-846.

王志新，梁海鹰，杜晓东，等，2014. 蛋白质组学在贝类研究中的应用 [J]. 生命科学研究，18 (2)：184-188.

魏敏，吴雨晨，陈东，等，2021. 青蛤不同壳色个体间的生长及营养差异 [J/OL]. 水产学报：1-9 [2021-05-07]. http://kns.cnki.net/kcms/detail/31.1283.S.20210318.1520.010.html.

谢秀枝，王欣，刘丽华，等，2011. iTRAQ 技术及其在蛋白质组学中的应用 [J]. 中国生物化学与分子生物学报，27 (7)：616-621.

闫喜武，2005. 菲律宾蛤仔养殖生物学、养殖技术与品种选育 [D]. 青岛：中国科学院研究生院（海洋研究所）.

闫喜武，张国范，杨凤，等，2005. 菲律宾蛤仔莆田群体两个壳色品系生长发育的比较

[J]. 大连水产学院学报，20 (4)：266 - 269.
闫喜武，张跃环，霍忠明，等，2008. 不同壳色菲律宾蛤仔品系间的双列杂交 [J]. 水产学报，32 (6)：864 - 875.
杨爱国，王清印，刘志鸿，等，2002. 虾夷扇贝×栉孔扇贝人工授精过程的荧光显微观察 [J]. 海洋水产研究 (3)：1 - 4.
杨爱国，王清印，刘志鸿，等，2004. 栉孔扇贝与虾夷扇贝杂交及子一代的遗传性状 [J]. 海洋水产研究 (5)：1 - 5.
叶茂，陈跃磊，明镇寰，2003. miRNA (microRNA) 家族的研究进展 [J]. 生物化学与生物物理进展 (3)：370 - 374.
于德良，丁君，郝振林，等，2013. 不同养殖群体虾夷扇贝数量性状的相关性与通径分析 [J]. 大连海洋大学学报 (4)：350 - 354.
张安国，李太武，苏秀榕，等，2011. 不同花纹文蛤外套膜的显微及亚显微结构的初步研究 [J]. 水产科学 (3)：132 - 135.
张存善，常亚青，曹学彬，等，2009. 虾夷扇贝体形性状对软体重和闭壳肌重的影响效果分析 [J]. 水产学报 (1)：87 - 94.
张福绥，何义朝，马江虎，等，1984. 虾夷扇贝的引种、育苗及试养 [J]. 海洋科学，5：38 - 45.
张刚生，2001. 珍珠层的微结构及其中类胡萝卜素的原位研究 [D]. 广州：中国科学院广州地球化学研究所.
张晗，姜敬哲，王江勇，2013. 蛋白质组学研究的发展及其在经济贝类研究中的应用 [J]. 广东农业科学，40 (22)：170 - 173，182.
张继红，方建光，王诗欢，2008. 大连獐子岛海域虾夷扇贝养殖容量 [J]. 水产学报 (2)：236 - 241.
张景山，1999. 养殖栉孔扇贝大量死亡的原因和预防对策 [J]. 水产科学，18 (1)：44 - 46.
张明明，赵文，2008. 我国虾夷扇贝死亡原因的探讨及控制对策 [J]. 中国水产：65 - 66，74.
张善发，贺承章，李俊辉，等，2020. 马氏珠母贝金黄壳色选育群体与养殖群体不同组织中矿物质元素的分析与评价 [J]. 海洋通报，39 (3)：357 - 362.
张涛，郑怀平，孙泽伟，等，2009. 华贵栉孔扇贝不同壳色后代早期发育阶段性状比较 [J]. 中国农学通报，25 (23)：478 - 484.
张跃环，闫喜武，张澎，等，2008. 贝类壳色多态的研究概况及展望 [J]. 水产科学，27 (12)：680 - 683.
张蕴韬，2006. 卟啉及金属卟啉对珍珠颜色的贡献及致色机理研究 [D]. 北京：中国地质大学 (北京).
赵乐，丁君，王俊杰，等，2014. 不同壳色虾夷扇贝外套膜形态学及显微结构的研究 [J]. 大连海洋大学学报，29 (5)：439 - 443.
赵亮，李仰平，张媛，等，2015. 扇贝壳色遗传规律解析及其核心控制区的全基因组定位 [C] //中国遗传学会. 遗传多样性：前沿与挑战——中国的遗传学研究 (2013—

2015）——2015 中国遗传学会大会论文摘要汇编．昆明：中国遗传学会：199.
赵莹莹，朱晓琛，孙效文，等，2006. 虾夷扇贝的多态性微卫星座位［J］. 动物学报（1）：229－233.
郑怀平，2005. 海湾扇贝两个养殖群体数量性状及壳色遗传研究［D］. 青岛：中国科学院研究生院（海洋研究所）.
郑怀平，许飞，张国范，等，2008. 海湾扇贝壳色与数量性状之间的关系［J］. 海洋与湖沼，39（4）：328－333.
郑怀平，张国范，刘晓，2004. 不同贝壳颜色海湾扇贝（*Argopecten irradians*）家系的建立及生长发育研究［J］. 海洋与湖沼，34（6）：632－639.
周丽青，杨爱国，刘志鸿，等，2003. 栉孔扇贝（♀）×虾夷扇贝（♂）精子入卵过程的电镜观察［J］. 中国水产科学（3）：189－194.
Addadi L，Joester D，Nudelman F，et al.，2006. Mollusk shell formation：a source of new concepts for understanding biomineralization processes［J］. Chemistry，12（4）：980－987.
Aguilera F，McDougall C，Degnan B M，2014. Evolution of the tyrosinase gene family in bivalve molluscs：independent expansion of the mantle gene repertoire［J］. Acta Biomaterialia，10（9）：3855－3865.
Ajioka R S，Phillips J D，Kushner J P，2006. Biosynthesis of heme in mammals［J］. Biochimica et Biophysica Acta（BBA）－Molecular Cell Research，1763（7）：723－736.
Allam B，Espinosa E P，2015. Mucosal immunity in mollusks［J］. Mucosal Health in Aquaculture：325－370.
Anders S，2010. Analysing RNA－Seq data with the DESeq package［J］. Mol Biol，43（4）：1－17.
Beedham G E，1958. Observations on the mantle of the Lamellibranchia［J］. Journal of Cell Science，3（46）：181－197.
Belcher A M，Wu X H，Christensen R J，et al.，1996. Control of crystal phase switching and orientation by soluble mollusc－shell proteins［J］. Nature，381（6577）：56－58.
Berger S L，2002. Histone modifications in transcriptional regulation［J］. Current Opinion in Genetics & Development，12（2）：142－148.
Blank S，Arnoldi M，Khoshnavaz S，et al.，2003. The nacre protein perlucin nucleates growth of calcium carbonate crystals［J］. Journal of Microscopy，212（3）：280－291.
Boettiger A，Ermentrout B，Oster G，2009. The neural origins of shell structure and pattern in aquatic mollusks［J］. Proceedings of the National Academy of Sciences，106（16）：6837－6842.
Bonasio R，Li Q，Lian J，et al.，2012. Genome－wide and caste－specific DNA methylomes of the ants *Camponotus floridanus* and *Harpegnathos saltator*［J］. Current Biology，22（19）：1755－1764.
Boulding E C，Boom J D G，Beckenbach A T，1993. Genetic variation in one bottlenecked and two wild populations of the Japanese scallop（*Patinopecten yessoensis*）：empirical pa-

rameter estimates from coding regions of mitochondrial DNA [J]. Canadian Journal of Fisheries and Aquatic Sciences, 50 (6): 1147 - 1157.

Brake J, Evans F, Langdon C, 2004. Evidence for genetic control of pigmentation of shell and mantle edge in selected families of Pacific oysters, *Crassostrea gigas* [J]. Aquaculture, 229 (1 - 4): 89 - 98.

Brinkman A B, Simmer F, Ma K, et al., 2010. Whole - genome DNA methylation profiling using MethylCap - seq [J]. Methods, 52 (3): 232 - 236.

Brunner A L, Johnson D S, Kim S W, et al., 2009. Distinct DNA methylation patterns characterize differentiated human embryonic stem cells and developing human fetal liver [J]. Genome Research, 19 (6): 1044 - 1056.

Bubel A, 1973. An electron - microscope study of periostracum formation in some marine bivalves. I. The origin of the periostracum [J]. Marine Biology, 20 (3): 213 - 221.

Budd A, McDougall C, Green K, et al., 2014. Control of shell pigmentation by secretory tubules in the abalone mantle [J]. Frontiers in Zoology, 11 (1): 1 - 9.

Chang T S, 2012. Natural melanogenesis inhibitors acting through the down - regulation of tyrosinase activity [J]. Materials, 5 (9): 1661 - 1685.

Checa A, 2000. A new model for periostracum and shell formation in Unionidae (Bivalvia, Mollusca) [J]. Tissue and Cell, 32 (5): 405 - 416.

Chiantore M, Cattaneo - Vietti R, 1998. Role of filtering and biodeposition by Adamussium colbecki in circulation of organic matter in Terra Nova Bay (Ross Sea, Antarctica) [J]. Journal of Marine Systems (17): 411 - 424.

Comfort A, 1949. Acid - soluble pigments of shells. 1. The distribution of porphyrin fluorescence in molluscan shells [J]. Biochemical Journal, 44 (1): 111.

Cook L M, 1986. Polymorphic snails on varied backgrounds [J]. Biological Journal of the Linnean Society, 29 (2): 89 - 99.

Costa V, Angelini C, De Feis I, et al., 2010. Uncovering the complexity of transcriptomes with RNA - Seq [J]. Journal of Biomedicine and Biotechnology.

Creese R G, Underwood A J, 1976. Observations on the biology of the trochid gastropod *Austrocochlea constricta* (Lamarck) (Prosobranchia). Ⅰ. Factors affecting shell - banding pattern [J]. Journal of Experimental Marine Biology and Ecology, 23 (3): 211 - 228.

Currey J D, Taylor J D, 1974. The mechanical behaviour of some molluscan hard tissues [J]. Journal of Zoology, 173 (3): 395 - 406.

Cusack M, Curry G, Clegg H, et al., 1992. An intracrystalline chromoprotein from red brachiopod shells: implications for the process of biomineralization [J]. Comparative Biochemistry and Physiology. B, Comparative Biochemistry, 102 (1): 93 - 95.

Dele - Dubois M L, Merlin J C, 1981. Etude par spectroscopie Raman de la pigmentation du squelette calcaire du corail [J]. Revue de Gemmologie, 68: 10 - 13.

Ding J, Zhao L, Chang Y, et al., 2015. Transcriptome sequencing and characterization of

Japanese scallop *Patinopecten yessoensis* from different shell color lines [J]. PloS One, 10 (2): 0116406.

Down T A, Rakyan V K, Turner D J, et al., 2008. A Bayesian deconvolution strategy for immunoprecipitation - based DNA methylome analysis [J]. Nature Biotechnology, 26 (7): 779 - 785.

Duan C H, Ding Y L, Mou Z G, et al., 2005. Studies and applications of porphyrin color reagents [J]. Journal of Jilin University (Information Science Edition), 19: 32 - 37.

Ermentrout B, Campbell J, Oster G, 1986. A model for shell patterns based on neural activity [J]. Veliger, 28 (4): 369 - 388.

Espoz C, Guzman G, Castilla J C, 1995. The lichen *Thelidium litorale* on shells of intertidal limpets: a case of lichen - mediated cryptic mimicry [J]. Marine Ecology Progress Series: 191 - 197.

FAO, 2021. Cultured aquatic species information programme - *Patinopecten yessoensis* [EB/OL].

Feng D, Li Q, Yu H, et al., 2015. Comparative transcriptome analysis of the Pacific oyster *Crassostrea gigas* characterized by shell colors: identification of genetic bases potentially involved in pigmentation [J]. PloS One, 10 (12): 0145257.

Feng D, Li Q, Yu H, et al., 2018. Transcriptional profiling of long non - coding RNAs in mantle of *Crassostrea gigas* and their association with shell pigmentation [J]. Scientific Reports, 8 (1): 1 - 10.

Feng D, Li Q, Yu H, et al., 2020. Integrated analysis of microRNA and mRNA expression profiles in *Crassostrea gigas* to reveal functional miRNA and miRNA - targets regulating shell pigmentation [J]. Scientific Reports, 10 (1): 1 - 10.

Feng S, Cokus S J, Zhang X, et al., 2010. Conservation and divergence of methylation patterning in plants and animals [J]. Proceedings of the National Academy of Sciences, 107 (19): 8689 - 8694.

Finnemore A, Cunha P, Shean T, et al., 2012. Biomimetic layer - by - layer assembly of artificial nacre [J]. Nature Communications, 3 (1): 1 - 6.

Force A, Lynch M, Pickett F B, et al., 1999. Preservation of duplicate genes by complementary, degenerative mutations [J]. Genetics, 151 (4): 1531 - 1545.

Fu G, Valiyaveettil S, Wopenka B, et al., 2005. $CaCO_3$ biomineralization: acidic 8 - kDa proteins isolated from aragonitic abalone shell nacre can specifically modify calcite crystal morphology [J]. Biomacromolecules, 6 (3): 1289 - 1298.

Fujita H, 1997. Molecular mechanism of heme biosynthesis [J]. The Tohoku Journal of Experimental Medicine, 183 (2): 83 - 99.

Gavery M R, Roberts S B, 2010. DNA methylation patterns provide insight into epigenetic regulation in the Pacific oyster (*Crassostrea gigas*) [J]. BMC Genomics, 11 (1): 1 - 9.

Gavery M R, Roberts S B, 2013. Predominant intragenic methylation is associated with gene expression characteristics in a bivalve mollusc [J]. PeerJ, 1: 215.

Goodfellow B J, Dias J S, Ferreira G C, et al., 2001. The solution structure and heme binding of the presequence of murine 5 - aminolevulinate synthase [J]. FEBS Letters, 505 (2): 325 - 331.

Grüneberg H, 1979. A search for causes of polymorphism in *Clithon oualaniensis* (Lesson) (Gastropoda: Prosobranchia) [J]. Proceedings of the Royal Society of London. Series B. Biological Sciences, 203 (1153): 379 - 386.

Guan Y, Huang L, He M, 2011. Construction of cDNA subtractive library from pearl oyster (*Pinctada fucata* Gould) with red color shell by SSH [J]. Chinese Journal of Oceanology and Limnology, 29 (3): 616 - 622.

Guo X, Luo Y, 2016. Scallops and scallop aquaculture in China [M]//Sandra E, Shumway G, Jay P. Developments in Aquaculture and Fisheries Science. Amsterdam: Elsevier: 937 - 952.

Haas B J, Papanicolaou A, Yassour M, et al., 2013. De novo transcript sequence reconstruction from RNA - seq using the Trinity platform for reference generation and analysis [J]. Nature Protocols, 8 (8): 1494 - 1512.

Hargens A R, Shabica S V, 1973. Protection against lethal freezing temperatures by mucus in an Antarctic limpet [J]. Cryobiology, 10 (4): 331 - 337.

Hedegaard C, Bardeau J F, Chateigner D, 2006. Molluscan shell pigments: an *in situ* resonance Raman study [J]. Journal of Molluscan Studies, 72 (2): 157 - 162.

Heller J, 1979. Visual versus non - visual selection of shell colour in an Israeli freshwater snail [J]. Oecologia, 44 (1): 98 - 104.

Hockey P A R, Bosman A L, Ryan P G, 1987. The maintenance of polymorphism and cryptic mimesis in the limpet *Scurria variabilis* by two species of Cinclodes (Aves: Furnariinae) in central Chile [J]. The Veliger, 30 (1): 5 - 10.

Hu Z, Song H, Zhou C, et al., 2020. De novo assembly transcriptome analysis reveals the preliminary molecular mechanism of pigmentation in juveniles of the hard clam *Mercenaria mercenaria* [J]. Genomics, 112 (5): 3636 - 3647.

Huan P, Liu G, Wang H, et al., 2013. Identification of a tyrosinase gene potentially involved in early larval shell biogenesis of the Pacific oyster *Crassostrea gigas* [J]. Development Genes and Evolution, 223 (6): 389 - 394.

Huang J, Zhang C, Ma Z, et al., 2007. A novel extracellular EF - hand protein involved in the shell formation of pearl oyster [J]. Biochimica et Biophysica Acta (BBA) - General Subjects, 1770 (7): 1037 - 1044.

Huang S, Jiang H, Zhang L, et al., 2021. Integrated proteomic and transcriptomic analysis reveals that polymorphic shell colors vary with melanin synthesis in *Bellamya purificata* snail [J]. Journal of Proteomics, 230: 103950.

Hunter G A, Ferreira G C, 2009. 5 - Aminolevulinate synthase: catalysis of the first step of heme biosynthesis [J]. Cellular and Molecular Biology (Noisy - le - Grand, France), 55 (1): 102.

Innes D J, Leslie E H, 1977. Inheritance of a shell - color polymorphism in the mussel [J]. Journal of Heredity, 68 (3): 203 - 204.

Iwahashi Y, Akamatsu S, 1994. Porphyrin pigment in black - lip pearls and its application to pearl identification [J]. Fisheries Science, 60 (1): 69 - 71.

Jackson A P, Vincent J F V, Turner R M, 1988. The mechanical design of nacre [J]. Proceedings of the Royal Society of London. Series B. Biological sciences, 234 (1277): 415 - 440.

Jiao W, Fu X, Dou J, et al., 2014. High - resolution linkage and quantitative trait locus mapping aided by genome survey sequencing: building up an integrative genomic framework for a bivalve mollusc [J]. DNA Research, 21 (1): 85 - 101.

Jones P, Silver J, 1979. Red and blue - green bile pigments in the shell of Astraea tuber (Mollusca: Archaeogastropoda) [J]. Comparative Biochemistry and Physiology Part B: Comparative Biochemistry, 63 (2): 185 - 188.

Karampelas S, Fritsch E, Mevellec J Y, et al., 2007. Determination by Raman scattering of the nature of pigments in cultured freshwater pearls from the mollusk *Hyriopsis cumingi* [J]. Journal of Raman Spectroscopy, 38 (2): 217 - 230.

Kinoshita S, 2008. Structural Colors in the Realm of Nature [M]. World Scientific.

Kinoshita S, Wang N, Inoue H, et al., 2011. Deep sequencing of ESTs from nacreous and prismatic layer producing tissues and a screen for novel shell formation - related genes in the pearl oyster [J]. Plos One, 6 (6): 21238.

Kobayashi T, Kawahara I, Hasekura O, et al., 2004. Genetic control of bluish shell color variation in the Pacific abalone, *Haliotis discus hannai* [J]. Journal of Shellfish Research, 23 (4): 1153 - 1157.

Kozminskii E V, Lezin P A, Fokin M V, 2010. A study of inheritance of white spots on the shell of *Littorina obtusata* (Gastropoda, Prosobranchia) [J]. Russian Journal of Genetics, 46 (12): 1455 - 1461.

Kozminsky E V, 2014. Inheritance of the background shell color in the snails *Littorina obtusata* (Gastropoda, Littorinidae) [J]. Russian Journal of Genetics, 50 (10): 1038 - 1047.

Kröger N, 2009. The molecular basis of nacre formation [J]. Science, 325 (5946): 1351 - 1352.

Langmead B, Salzberg S L, 2012. Fast gapped - read alignment with Bowtie 2 [J]. Nature Methods, 9 (4): 357.

Layer G, Reichelt J, Jahn D, et al., 2010. Structure and function of enzymes in heme biosynthesis [J]. Protein Science, 19 (6): 1137 - 1161.

Lecompte O, Madec L, Daguzan J, 1998. Temperature and phenotypic plasticity in the shell colour and banding of the land snail Helix aspersa [J]. Comptes Rendus de l' Academie des Sciences Series III Sciences de la Vie, 8 (321): 649 - 654.

Li G, Chen S, Duan Z, et al., 2013. Comparison of protoporphyrin IX content and related gene expression in the tissues of chickens laying brown - shelled eggs [J]. Poultry Science, 92 (12): 3120 - 3124.

Li H, Liu X, Zhang G, 2012. A consensus microsatellite - based linkage map for the hermaphroditic bay scallop (*Argopecten irradians*) and its application in size - related QTL analysis [J]. Plos One, 7 (10): 46926.

Li L, Kolle S, Weaver J C, et al., 2015. A highly conspicuous mineralized composite photonic architecture in the translucent shell of the blue - rayed limpet [J]. Nature Communications, 6 (1): 1 - 11.

Li Q, Xu K, Yu R, 2007. Genetic variation in Chinese hatchery populations of the Japanese scallop (*Patinopecten yessoensis*) inferred from microsatellite data [J]. Aquaculture, 269 (1 - 4): 211 - 219.

Li Y, Zhu J, Tian G, et al., 2010. The DNA methylome of human peripheral blood mononuclear cells [J]. PLoS Biol, 8 (11): 1000533.

Lindberg D R, Pearse J S, 1990. Experimental manipulation of shell color and morphology of the limpets *Lottia asmi* (Middendorff) and *Lottia digitalis* (Rathke) (Mollusca: Patellogastropoda) [J]. Journal of Experimental Marine Biology and Ecology, 140 (3): 173 - 185.

Lister R, Pelizzola M, Dowen R H, et al., 2009. Human DNA methylomes at base resolution show widespread epigenomic differences [J]. Nature, 462 (7271): 315 - 322.

Liu H L, Liu S F, Ge Y J, et al., 2007. Identification and characterization of a biomineralization related gene PFMG1highly expressed in the mantle of *Pinctada fucata* [J]. Biochemistry, 46 (3): 844 - 851.

Liu H, Zheng H, Zhang H, et al., 2015. A de novo transcriptome of the noble scallop, *Chlamys nobilis*, focusing on mining transcripts for carotenoid - based coloration [J]. BMC genomics, 16 (1): 1 - 13.

Liu X, Wu F, Zhao H, et al., 2009. A novel shell color variant of the Pacific abalone *Haliotis discus hannai* Ino subject to genetic control and dietary influence [J]. Journal of Shellfish Research, 28 (2): 419 - 424.

Lu X, Wang X, Chen X, et al., 2017. Single - base resolution methylomes of upland cotton (*Gossypium hirsutum* L.) reveal epigenome modifications in response to drought stress [J]. BMC genomics, 18 (1): 1 - 14.

Lydie M A O, Golubic S, LE Campion - Alsumard T, et al., 2001. Developmental aspects of biomineralisation in the Polynesian pearl oyster *Pinctada margaritifera* var. *cumingii* [J]. Oceanologica Acta, 24: 37 - 49.

Lyko F, Foret S, Kucharski R, et al., 2010. The honey bee epigenomes: differential methylation of brain DNA in queens and workers [J]. PLoS Biol, 8 (11): 1000506.

Mao J, Zeng Q, Yang Z, et al., 2020. High - resolution linkage and quantitative trait locus mapping using an interspecific cross between *Argopecten irradians irradians* (♀) and *A. purpuratus* (♂) [J]. Marine Life Science & Technology: 1 - 12.

Mao J, Zhang Q, Yuan C, et al., 2020. Genome - wide identification, characterisation and expression analysis of the ALAS gene in the yesso scallop (*Patinopecten yessoensis*) with different shell colours [J]. Gene, 757: 144925.

McGraw K, 2006. Mechanics of uncommon colours: pterins, porphyrins and psittacofulvins [M] //Hill G E, McGraw K J. Bird Coloration: Mechanisms and Measurements. Cambridge: Harvard University Press: 354 - 398.

Meissner A, Mikkelsen T S, Gu H, et al., 2008. Genome - scale DNA methylation maps of pluripotent and differentiated cells [J]. Nature, 454 (7205): 766 - 770.

Meng Q L, Bao Z M, Wang Z P, et al., 2012. Growth and reproductive performance of triploid yesso scallops (*Patinopecten yessoensis*) induced by hypotonic shock [J]. Journal of Shellfish Research, 31: 1113 - 1122.

Miller M R, Dunham J P, Amores A, et al., 2007. Rapid and cost - effective polymorphism identification and genotyping using restriction site associated DNA (RAD) markers [J]. Genome research, 17 (2): 240 - 248.

Mitton J B, 1977. Shell color and pattern variation in *Mytilus edulis* and its adaptive significance [J]. Chesapeake Science, 18 (4): 387 - 390.

Miura O, Nishi S, Chiba S, 2007. Temperature - related diversity of shell colour in the intertidal gastropod Batillaria [J]. Journal of Molluscan Studies, 73 (3): 235 - 240.

Miyoshi T, Matsuda Y, Komatsu H, 1987a. Fluorescence from pearls to distinguish mother oysters used in pearl culture [J]. Japanese Journal of Applied Physics, 26 (4): 578 - 581.

Miyoshi T, Matsuda Y, Komatsu H, 1987b. Fluorescence from pearls and shells of black lip oyster, *Pinctada margaritifera*, and its contribution to the distinction of mother oysters used in pearl culture [J]. Japanese Journal of Applied Physics, 26 (7): 1069 - 1072.

Muñoz P, Meseguer J, Esteban M á, 2006. Phenoloxidase activity in three commercial bivalve species. Changes due to natural infestation with *Perkinsus atlanticus* [J]. Fish & shellfish immunology, 20 (1): 12 - 19.

Nagai K, Yano M, Morimoto K, et al., 2007. Tyrosinase localization in mollusc shells [J]. Comparative Biochemistry and Physiology Part B: Biochemistry and Molecular Biology, 146 (2): 207 - 214.

Naka K, Chujo Y, 2001. Control of crystal nucleation and growth of calcium carbonate by synthetic substrates [J]. Chemistry of Materials, 13 (10): 3245 - 3259.

Nakahara H, Bevelander G, 1971. The formation and growth of the prismatic layer of *Pinctada radiata* [J]. Calcified Tissue Research, 7 (1): 31 - 45.

Newkirk G F, 1980. Genetics of shell color in *Mytilus edulis* L. and the association of growth rate with shell color [J]. Journal of Experimental Marine Biology and Ecology, 47 (1): 89 - 94.

Nie H, Jiang K, Jiang L, et al., 2020. Transcriptome analysis reveals the pigmentation related genes in four different shell color strains of the Manila clam *Ruditapes philippinarum* [J]. Genomics, 112 (2): 2011 - 2020.

Nilsson R, Schultz I J, Pierce E L, et al., 2009. Discovery of genes essential for heme biosynthesis through large - scale gene expression analysis [J]. Cell Metabolism, 10 (2): 119 - 130.

Oberling J J, 1968. Remaks on colour patterns and related features of the molluscan shells [M].

Ojima Y, 1952. Histological studies of the mantle of pearl oyster (*Pinctada martensii* Dunker) [J]. Cytologia, 17 (2): 134 - 143.

Olson C E, Roberts S B, 2014. Genome - wide profiling of DNA methylation and gene expression in *Crassostrea gigas* male gametes [J]. Frontiers in Physiology, 5: 224.

Padmanaban G, Venkateswar V, Rangarajan P N, 1989. Haem as a multifunctional regulator [J]. Trends in Biochemical Sciences, 14 (12): 492 - 496.

Peignon J M, Gérard A, Naciri Y, et al., 1995. Analyse du déterminisme de la coloration et de l' ornementation chez la palourde japonaise *Ruditapes philippinarum* [J]. Aquatic Living Resources, 8 (2): 181 - 189.

Petersen J L, Baerwald M R, Ibarra A M, et al., 2012. A first - generation linkage map of the Pacific lion - paw scallop (*Nodipecten subnodosus*): initial evidence of QTL for size traits and markers linked to orange shell color [J]. Aquaculture, 350: 200 - 209.

Phifer - Rixey M, Heckman M, Trussell G C, et al., 2008. Maintenance of clinal variation for shell colour phenotype in the flat periwinkle *Littorina obtusata* [J]. Journal of Evolutionary Biology, 21 (4): 966 - 978.

Phillips J D, 2019. Heme biosynthesis and the porphyrias [J]. Molecular Genetics and Metabolism, 128 (3): 164 - 177.

Pina Martínez C M, Checa A G, Saínz - Díaz C I, et al., 2013. The nacre: an ancient nanostructured biomaterial [J]. Acta Futura, 6: 37 - 42.

Qin Y, Liu X, Zhang H, et al., 2007. Identification and mapping of amplified fragment length polymorphism markers linked to shell color in bay scallop, *Argopecten irradians irradians* (Lamarck, 1819) [J]. Marine Biotechnology, 9 (1): 66 - 73.

Ramsahoye B H, Biniszkiewicz D, Lyko F, et al., 2000. Non - CpG methylation is prevalent in embryonic stem cells and may be mediated by DNA methyltransferase 3a [J]. Proceedings of the National Academy of Sciences, 97 (10): 5237 - 5242.

Richardson C A, Runham N W, Crisp D J, 1981. A histological and ultrastructural study of the cells of the mantle edge of a marine bivalve, *Cerastoderma edule* [J]. Tissue and Cell, 13 (4): 715 - 730.

Saleuddin A S M, 1965. The mode of life and functional anatomy of Astarte spp. (Eulamellibranchia) [J]. Journal of Molluscan Studies, 36 (4): 229 - 257.

Sato M, Kawamata K, Zaslavskaya N, et al., 2005. Development of microsatellite markers for Japanese scallop (*Mizuhopecten yessoensis*) and their application to a population genetic study [J]. Marine Biotechnology, 7 (6): 713 - 728.

Saunders R, Heath W, 1994. New developments in scallop farming in British Columbia [J].

Bulletin of the Aquaculture Association of Canada, 94: 3-7.

Savazzi E, 1998. The colour patterns of cypraeid gastropods [J]. Lethaia, 31 (1): 15-27.

Schmidt-Nielsen K, Taylor C R, Shkolnik A, 1971. Desert snails: problems of heat, water and food [J]. Journal of Experimental Biology, 55 (2): 385-398.

Skillman A G, Collins J R, Loew G H, 1992. Magnesium porphyrin radical cations: a theoretical study of substituent effects on the ground state [J]. Journal of the American Chemical Society, 114 (24): 9538-9544.

Sorensen F E, Lindberg D R, 1991. Preferential predation by American black oystercatchers on transitional ecophenotypes of the limpet *Lottia pelta* (Rathke) [J]. Journal of experimental marine biology and ecology, 154 (1): 123-136.

Sorensen F, 1984. Transitional forms of the limpet *Collisella pelta* and disruptive selection [D]. Hayward: Calif. State University, Hayward.

Speiser D I, DeMartini D G, Oakley T H, 2014. The shell-eyes of the chiton *Acanthopleura granulata* (Mollusca, Polyplacophora) use pheomelanin as a screening pigment [J]. Journal of Natural History, 48 (45-48): 2899-2911.

Sudo S, Fujikawa T, Nagakura T, et al., 1997. Structures of mollusc shell framework proteins [J]. Nature, 387 (6633): 563-564.

Sun X, Liu Z, Zhou L, et al., 2016. Integration of next generation sequencing and EPR analysis to uncover molecular mechanism underlying shell color variation in scallops [J]. PloS One, 11 (8): 0161876.

Sun X, Wu B, Zhou L, et al., 2017. Isolation and characterization of melanin pigment from yesso scallop *Patinopecten yessoensis* [J]. Journal of Ocean University of China, 16 (2): 279-284.

Sun X, Yang A, Wu B, et al., 2015. Characterization of the mantle transcriptome of yesso scallop (*Patinopecten yessoensis*): identification of genes potentially involved in biomineralization and pigmentation [J]. PloS One, 10 (4): 0122967.

Suzuki M, Murayama E, Inoue H, et al., 2004. Characterization of Prismalin-14, a novel matrix protein from the prismatic layer of the Japanese pearl oyster (*Pinctada fucata*) [J]. Biochemical Journal, 382 (1): 205-213.

Takeuchi T, Kawashima T, Koyanagi R, et al., 2012. Draft genome of the pearl oyster *Pinctada fucata*: a platform for understanding bivalve biology [J]. DNA Research, 19 (2): 117-130.

Taylor J D, 1969. The shell structure and mineralogy of the Bivalvia. Introduction. Nuculacea-Trigonacea [J]. Bull. Br. Mus. Nat. Hist. (Zool.), 3: 1-125.

Teng W, Cong R, Que H, et al., 2018. De novo transcriptome sequencing reveals candidate genes involved in orange shell coloration of bay scallop *Argopecten irradians* [J]. Journal of Oceanology and Limnology, 36 (4): 1408-1416.

Tixier R, 1952. Sur quelques pigments tetrapyrroliques provenant d' animaux marins [M].

éditions du Muséum.

Trapnell C, Williams B A, Pertea G, et al., 2010. Transcript assembly and quantification by RNA-Seq reveals unannotated transcripts and isoform switching during cell differentiation [J]. Nature Biotechnology, 28 (5): 511-515.

Tsiftsoglou A S, Tsamadou A I, Papadopoulou L C, 2006. Heme as key regulator of major mammalian cellular functions: molecular, cellular, and pharmacological aspects [J]. Pharmacology & Therapeutics, 111 (2): 327-345.

Tsukamoto D, Sarashina I, Endo K, 2004. Structure and expression of an unusually acidic matrix protein of pearl oyster shells [J]. Biochemical and Biophysical Research Communications, 320 (4): 1175-1180.

Tursch B, Greifeneder D, 2001. Oliva shells: the genus *Oliva* and the species problem [M]. Ancona: L' Informatore Piceno.

Urmos J, Sharma S K, Mackenzie F T, 1991. Characterization of some biogenic carbonates with Raman spectroscopy [J]. American Mineralogist, 76 (3-4): 641-646.

Vance K W, Goding C R, 2004. The transcription network regulating melanocyte development and melanoma [J]. Pigment Cell Research, 17 (4): 318-325.

Venkataraman Y R, Downey-Wall A M, Ries J, et al., 2020. General DNA methylation patterns and environmentally-induced differential methylation in the eastern oyster (*Crassostrea virginica*) [J]. Frontiers in Marine Science, 7: 225.

Verdes A, Cho W, Hossain M, et al., 2015. Nature' s palette: characterization of shared pigments in colorful avian and mollusk shells [J]. PloS One, 10 (12): 0143545.

Vignal A, Milan D, SanCristobal M, et al., 2002. A review on SNP and other types of molecular markers and their use in animal genetics [J]. Genetics Selection Evolution, 34 (3): 275-305.

Wang J, Li Q, Zhong X, et al., 2018. An integrated genetic map based on EST-SNPs and QTL analysis of shell color traits in Pacific oyster *Crassostrea gigas* [J]. Aquaculture, 492: 226-236.

Wang S, Lv J, Zhang L, et al., 2015. MethylRAD: a simple and scalable method for genome-wide DNA methylation profiling using methylation-dependent restriction enzymes [J]. Open Biology, 5 (11): 150130.

Wang S, Meyer E, McKay J K, et al., 2012. 2b-RAD: a simple and flexible method for genome-wide genotyping [J]. Nature Methods, 9 (8): 808-810.

Wang S, Zhang J, Jiao W, et al., 2017. Scallop genome provides insights into evolution of bilaterian karyotype and development [J]. Nature Ecology & Evolution, 1 (5): 1-12.

Wang X, Li Q, Lian J, et al., 2014. Genome-wide and single-base resolution DNA methylomes of the Pacific oyster *Crassostrea gigas* provide insight into the evolution of invertebrate CpG methylation [J]. BMC genomics, 15 (1): 1-12.

Watabe N, Sharp D G, Wilbur K M, 1958. Studies on shell formation: VIII. electron microscopy of crystal growth of the nacreous layer of the oyster *Crassostrea virginica* [J]. The Journal of Cell Biology, 4 (3): 281-286.

Weiss I M, Kaufmann S, Mann K, et al., 2000. Purification and characterization of perlucin and perlustrin, two new proteins from the shell of the mollusc *Haliotis laevigata* [J]. Biochemical and Biophysical Research Communications, 267 (1): 17-21.

Wheeler A P, Sikes C S, 1984. Regulation of carbonate calcification by organic matrix [J]. American Zoologist, 24 (4): 933-944.

Williams S T, 2017. Molluscan shell colour [J]. Biological Reviews, 92 (2): 1039-1058.

Williams S T, Ito S, Wakamatsu K, et al., 2016. Identification of shell colour pigments in marine snails *Clanculus pharaonius* and *C. margaritarius* (Trochoidea; Gastropoda) [J]. PLoS One, 11 (7): 0156664.

Williams S T, Lockyer A E, Dyal P, et al, 2017. Colorful seashells: identification of haem pathway genes associated with the synthesis of porphyrin shell color in marine snails [J]. Ecology and Evolution, 7 (23): 10379-10397.

Winkler F M, Estevez B F, Jollan L B, et al., 2001. Inheritance of the general shell color in the scallop *Argopecten purpuratus* (Bivalvia: Pectinidae) [J]. Journal of Heredity, 92 (6): 521-525.

Wolff M, Garrido J P, 1991. Comparative study of growth and survival of two colour morphs of the Chilean scallop *Argopecten purpuratus* (Lamarck, 1819) in suspended culture [J]. Journal of Shellfish Research, 10: 47-53.

Xiang H, Zhu J, Chen Q, et al., 2010. Single base-resolution methylome of the silkworm reveals a sparse epigenomic map [J]. Nature Biotechnology, 28 (5): 516.

Xu M, Huang J, Shi Y, et al., 2019. Comparative transcriptomic and proteomic analysis of yellow shell and black shell pearl oysters, *Pinctada fucata martensii* [J]. BMC Genomics, 20 (1): 1-14.

Xu Z H, Li X, 2011. Deformation strengthening of biopolymer in nacre [J]. Advanced Functional Materials, 21 (20): 3883-3888.

Yang Y, Zheng Y, Sun L, et al., 2020. Genome-wide DNA methylation signatures of sea cucumber *Apostichopus japonicus* during environmental induced aestivation [J]. Genes, 11 (9): 1020.

Yu X, Yu H, Kong L, et al., 2014. Molecular cloning and differential expression in tissues of a tyrosinase gene in the Pacific oyster *Crassostrea gigas* [J]. Molecular Biology Reports, 41 (8): 5403-5411.

Yuan T, He M, Huang L, 2012. Identification of an AFLP fragment linked to shell color in the noble scallop *Chlamys nobilis* Reeve [J]. Journal of Shellfish Research, 31 (1): 33-37.

Yue X, Nie Q, Xiao G, et al., 2015. Transcriptome analysis of shell color-related genes in the clam *Meretrix meretrix* [J]. Marine Biotechnology, 17 (3): 364-374.

Zemach A, McDaniel I E, Silva P, et al., 2010. Genome-wide evolutionary analysis of eukaryotic DNA methylation [J]. Science, 328 (5980): 916 - 919.

Zhang C, Xie L, Huang J, et al., 2006. A novel putative tyrosinase involved in periostracum formation from the pearl oyster (*Pinctada fucata*) [J]. Biochemical and Biophysical Research Communications, 342 (2): 632 - 639.

Zhang C, Zhang R, 2006. Matrix proteins in the outer shells of molluscs [J]. Marine Biotechnology, 8 (6): 572 - 586.

Zhang G, Fang X, Guo X, et al., 2012. The oyster genome reveals stress adaptation and complexity of shell formation [J]. Nature, 490 (7418): 49 - 54.

Zhang J, Luo S, Gu Z, et al., 2020. Genome - wide DNA methylation analysis of mantle edge and mantle central from Pearl oyster *Pinctada fucata martensii* [J]. Marine Biotechnology, 22 (3): 380 - 390.

Zhang S, Wang H, Yu J, et al., 2018. Identification of a gene encoding microphthalmia - associated transcription factor and its association with shell color in the clam *Meretrix petechialis* [J]. Comparative Biochemistry and Physiology Part B: Biochemistry and Molecular Biology, 225: 75 - 83.

Zhao L, Li Y, Li Y, et al., 2017. A genome - wide association study identifies the genomic region associated with shell color in yesso scallop, *Patinopecten yessoensis* [J]. Marine Biotechnology, 19 (3): 301 - 309.

Zheng H, Liu H, Zhang T, et al., 2010. Total carotenoid differences in scallop tissues of *Chlamys nobilis* (Bivalve: Pectinidae) with regard to gender and shell colour [J]. Food chemistry, 122 (4): 1164 - 1167.

Zhou Z, Ni D, Wang M, et al., 2012. The phenoloxidase activity and antibacterial function of a tyrosinase from scallop *Chlamys farreri* [J]. Fish & Shellfish Immunology, 33 (2): 375 - 381.

Ziller M J, Müller F, Liao J, et al., 2011. Genomic distribution and inter - sample variation of non - CpG methylation across human cell types [J]. PLoS Genet, 7 (12): 1002389.

图书在版编目（CIP）数据

虾夷扇贝壳色形成机制研究 / 毛俊霞，王许波著．—北京：中国农业出版社，2021.11
ISBN 978-7-109-28969-7

Ⅰ.①虾… Ⅱ.①毛… ②王… Ⅲ.①扇贝科—研究 Ⅳ.①Q959.215

中国版本图书馆 CIP 数据核字（2021）第 246205 号

中国农业出版社出版
地址：北京市朝阳区麦子店街 18 号楼
邮编：100125
责任编辑：杨晓改 文字编辑：蔺雅婷 李善珂
版式设计：王 晨 责任校对：吴丽婷
印刷：北京中兴印刷有限公司
版次：2021 年 11 月第 1 版
印次：2021 年 11 月北京第 1 次印刷
发行：新华书店北京发行所
开本：700mm×1000mm 1/16
印张：9.5
字数：180 千字
定价：98.00 元
